U0034637

經營顧問叢書 ㉘²

如何提高市場佔有率（增訂二版）

吳宇航　編著

憲業企管顧問有限公司　發行

《如何提高市場佔有率》（增訂二版）

序　言

行銷是無國界的，隨著市場的不斷發展，行銷手段也必須滿足市場發展的需要。面對形形色色的市場、不同的區域特色、複雜的運營環境，企業要想生存與發展，在競爭中立於不敗之地，就必須提高市場佔有率，也就必須擁有先進的行銷戰略、戰術、產品、手段、人員和必要的配備。

遇到市場競爭激烈或經濟不景氣，使每家企業都受困，卻是有為企業突破瓶頸的好機會。

本書是 2011 年 12 月增訂二版，全書是針對企業如何增加業績、提高市佔有率，探討「如何提升市場佔有率」而撰寫的專書，第一部是由戰略入手，先分析市場佔有率原因，再指出由何處著手的企業戰略，第二部是由戰術入手，具體介紹提升市場佔有率的各種方法，全書不尚空談，以實務操作為主，值得企業經營者，高階主管，行銷經理參考借鑑。

2012 年 1 月　增訂二版

《如何提高市場佔有率》(增訂二版)

目　錄

第一章

市場佔有率的介紹
——分析、計算與應用

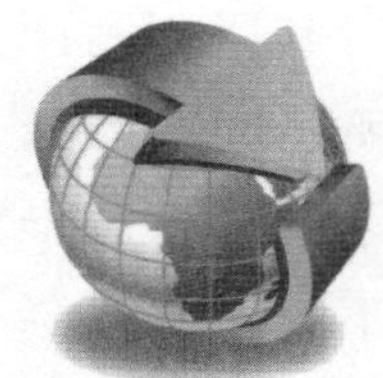

著名戰略家寫道:「任何經營領域的優秀者都是穩步地擴大市場佔有率的廠家。在這方面的失敗就是競爭失敗。」市場提升就是提高企業的市場佔有率，因此市場佔有率是提升績效的重要衡量指標。

一、市場佔有率說明什麼

推進市場提升，市場佔有率是最核心、最重要、近乎唯一的衡量指標，是企業最敏感的經濟變數。企業因市場而存在，佔有市場比眼前獲利更重要。市場佔有率究竟能夠說明什麼呢？

1.市場佔有率與企業競爭力成正比

市場佔有率高的企業，效益水準高，二者之間是成正比的關係。1996 年，洗衣機 Y 品牌銷售突破 100 萬台，銷售額 14.5 億元，利潤 2.1 億元，市場佔有率一直保持在 40%以上。

據分析，市場佔有率在 30%以上，企業可獲得 10%的利潤率；市場佔有率在 20%左右，企業可獲得 6%的利潤率；如果市場佔有率在 5%左右，則只能勉持生產。

根據日本資料介紹：日本麴楚麒麒啤酒佔有率為 62%。第 2 位的薩波羅啤酒佔有率只有 20%，雖然前者銷售量是後者的 3 倍，但利潤率卻比之高達 6 倍。其原因有兩方面：

⑴**市場佔有率越高，所需成本越低**

新產品引進市場的初期，即市場推廣階段，製造成本很高，但隨著時間的推移而逐漸下降，其下降速率與累積的製造經驗成正比。美國一諮詢組織經過大量的商品成本研究，發現單位生產成本與累積生產量之間的關係，稱之為經驗曲線如圖 1-1，從中可知：累積生產量每增長一倍，則每單位生產成本降低 20%至 30%。

圖 1-1 經驗曲線

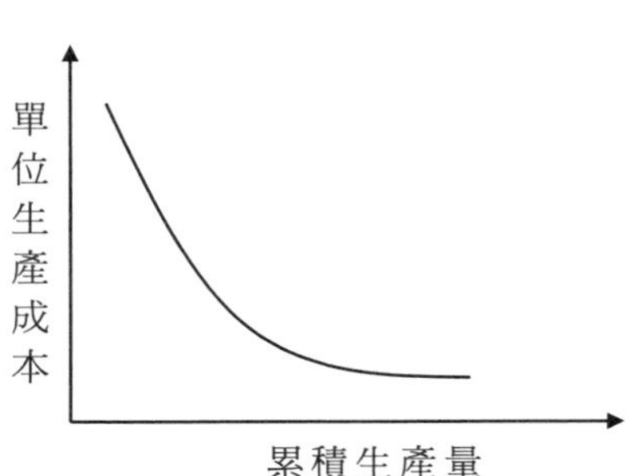

因此，企業都想要有較高的市場佔有率，這不僅是為了市場地位本身，同時也是因為只有如此才能迅速地降低單位制造成本，從而將使企業能獲得較佳的邊際利潤。企業可以利用降低成本所得到的利潤，重新投資以改進產品品質，或廣告宣傳擴大品

牌度，或降低價格等，以爭取更大的市場佔有率。而且進一步由於擴大市場佔有率，也就能進一步謀求降低成本。相反地，市場佔有率小而成本高的企業就陷入惡性循環。因此實現擴大市場佔有率和降低成本的良性循環是極其重要的，是競爭取勝的關鍵。

⑶**市場佔有率越高，投資報酬率越高**

企業的投資效果常用投資報酬率來衡量。所謂投資報酬率就是：投資報酬率=稅前總利潤÷投資額

影響投資報酬率的因素有很多，其中很關鍵的一項是市場佔有率。根據美國的研究機構對美國 620 家各類型的企業調查後的統計結果，隨著市場佔有率地提高，投資報酬率也增大。

2.**市場佔有率反映企業競爭力**

市場佔有率能夠很好地體現企業的競爭力。市場佔有率是一個相對量，它可反映一些影響銷售的外界因素，例如宏觀景氣變動、物價水準的波動、需求的變動等，這些都會影響整個行業的銷售結果，這樣就避免了以銷售額絕對值為評估標準產生錯覺。市場佔有率不是總量數字，所以不管市場總量怎樣擴大，處於這一市場的單一企業的市場佔有率都不可能無限制地擴大，而且，某企業市場佔有率的擴大往往與競爭企業市場佔有率的縮小相伴。這種增減直接反映出競爭的動態特徵。

3.**市場佔有率體現企業無形資產**

無形資產是企業競爭力的真正源泉。

世界名牌可口可樂的無形資產約 400 億美元，在世界飲料行業中，市場佔有率的比重是超重量級的。企業市場佔有率高，可以使企業積蓄豐富的有關生產和行銷技能方面的資訊和經驗，同時能使企業接觸到更多的顧客，進而獲取更大的市場訊息，改進

並向顧客傳輸企業信用、商譽、企業形象等無形資產。就此而言，從市場佔有率的角度研究企業競爭力更具有戰略意義。

二、市場佔有率的意義

市場佔有率是指在一定時期內，企業所生產的產品在其市場上的銷售量佔同類產品銷售總量的比重，也叫絕對市場佔有率，用公式表示就是：

$$\text{市場佔有率}=\frac{\text{本期企業某中產品的銷售額（量）}}{\text{本期該產品市場銷售總額（總量）}}\times 100\%$$

市場佔有率高，說明企業在市場中處於優勢，適應市場能力和盈利能力強，反之亦然。

然而，要想反映與競爭對手的比較情況，還需要用相對市場佔有率來表明企業市場競爭地位的高低和競爭優勢情況，其計算公式為：

$$\text{相對市場佔有率}=\frac{\text{本期本企業市場佔有率}}{\text{本期主要競爭對手市場佔有率}}\times 100\%$$

當所處行業有多家競爭對手時，佔有率在 65%～100%之間，企業具有一定的優勢。如果企業的相對市場佔有率在 65%以下，則要謹防對手的攻擊。

圖 1-2　市場佔有率的分解

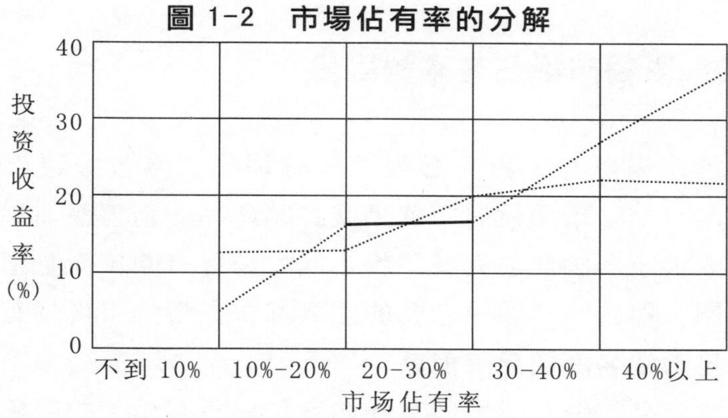

A 產品的購買數多少的差別
——— 購買次數多的產品
……… 購買次數少的產品

表 1-1　市場佔有率的意義

競爭狀態	市場佔有率	解釋
狀態 1 完全壟斷狀態	82%，8%，5%，3%，2%	第一名的市場佔有率超過 73.9%，處於完全壟斷的地位，整個市場處於相對穩定的狀態。
狀態 2 相對壟斷狀態	35%，25%，20%，10%，15%，4%	前三位的市場佔有率超過 73.9%，且三者市場佔有率比率小於 1.7，主要的競爭將發生在前三名之間。前三者之外的品牌將感受到來自它們的強大競爭壓力。
狀態 3 完全競爭狀態	22%，18%，16%，15%，15%，14%	第名的市場佔有率在 26.1%之內，各品牌之間佔有率之比均在 1.7 之內，市場競爭激烈，各品牌位置之間變動的可能性較大。
狀態 4 絕對壟斷狀態	45%，20%，15%，15%，4%，1%	第一名的市場佔有率超過 41.7%，且大於第二名 1.7 倍，因此第一名處於市場領先地位並有「獨佔」趨勢。第二、三名之間的比率小於 1.7，因此第二名受到來自第一名和第三名的強大壓力。
狀態 5 兩大壟斷狀態	40%，34%，12%，8%，5%，1%	前兩名的市場佔有率大約 73.9%，前兩名佔有率之比在 1.7 之內，第二名有超越第一名的可能性。由於形成相對壟斷，前兩名之間的戰略聯合是可能的，從而淘汰更多的弱小企業。

三、影響市場佔有率的因素

推進市場提升，首先必須弄清有那些因素會影響市場佔有率。由前可知，市場佔有率就是某品牌產品的銷售額佔整個行業銷售額的大小，因此它與該品牌產品的銷售有關，而且還與競爭態勢有關。與銷售、競爭有關的因素都會影響到市場佔有率。

1. **品牌知名度和品牌形象**

企業產品的銷售業績與其知名度和形象有極大的關係，消費者只有對品牌有認知，並產生好感和信賴，才有可能購買產品。因此要提高品牌的市場佔有率，首先必須擴大品牌知名度，並建立良好的品牌形象及品牌個性。

2. **消費者的偏好**

企業的產品只有滿足消費者的偏好，才有可能銷售出去，因此消費者的偏好的轉變會直接影響佔有率。

以洗髮用品為例，最初，大多數人都是用很便宜的洗髮粉，隨後，人們逐漸開始用貴一些的瓶裝洗髮水，令頭髮充滿芳香。隨著收入的逐步提高，人們希望洗髮水還具有潔髮和去頭屑、防止頭癢的功能。但對護髮的功能要求尚不強烈。

3. **市場行銷費用支出**

企業在銷售人員、廣告以及促銷等有關方面的費用支出，對市場佔有率會造成很大的影響，而且由於企業性質不同，其影響程度也大不相同。據美國麻省劍橋戰略計劃研究院所進行的有關「市場行銷策略對企業利潤所造成的影響」的長期研究，從 1200 家企業四年的記錄，得出銷售人員、廣告、促銷費用支出水準的變化，對市場佔有率的影響，其結果如表 1-2。

表 1-2　行銷費用支出對市場佔有率的影響

行銷費用支出水準的改變	市場佔有率的改變率（%）		
	消費品	原材料	工業品
銷售人員			
減少 5%或以上	-3.0	-0.9	-2.8
維持在 5%以內	+0.6	+1.1	+0.7
增加 5%或以上	+6.6	+1.3	+6.4
廣告			
減少 5%或以上	0	+1.9	+0.8
維持在 5%以內	+1.9	+0.2	+3.3
增加 5%或以上	+3.0	+1.4	+3.2
促銷			
減少 5%或以上	-0.2	-2.3	+0.4
維持在 5%以內	-0.5	+0.9	+2.7
增加 5%或以上	+3.7	+1.9	+4.2

整體來說，人員銷售對消費品和工業品而言，是一種強有力的市場開拓工具，廣告則僅對消費品較為有效，而促銷對消費品、原材料、工業品均可以發揮相當的效果。

4. 價格

按照經濟學的供需原則，如果降低價格，需求就會增加，如果提高價格，需求就會減少。在今天產品的技術與市場已邁向成熟階段的時候，攻擊性的降價策略有時並不能達到預期的效果。當一家企業降價，其競爭對手也降價反擊，結果會造成大家的損傷。只有在企業的佔有率佔有絕對的優勢時或具有低成本優勢時，才可採用降價策略，可為競爭者打入市場設置障礙，又是敲開對方市場的一個強有力武器。

四、市場佔有率的調查管道

各種產品市場佔有率調查難易的程度大不相同，視產業規模與廠商的規模、市場的競爭形態與競爭廠商的多寡、廠商所在地集中與分散的情形、政府對業界與產品的管理程度、廠商的產品組合與各產品線的深度及廣度、產品單位價值的高低、產品製造過程物理變化的程度、產品重覆購買的頻度、產品的使用期限、產品銷售通路的長度與深度、同業公會組織力量的強弱等許多因案而定。一般而言，主要家電產品如電視機、冷氣機、電冰箱、洗衣機等，汽車與機車、水泥、調味粉等比較容易受影響、服裝、糖果、餅乾與罐頭食品，各類化妝品包括香皂、洗髮精以及藝品等則較為困難。

所謂「市場佔有率」是指某廠商品牌產品的銷售量在某一區域市場該項產品的總銷售量所佔的比率。由以上的定義可知市場佔有率的調查是要查知兩項事實；一是某項產品的總(內)銷量和值，二是各廠商或主要品牌的(內)銷售量和值。因此瞭解各廠商或主要品牌所佔有的比率，一般習稱為各廠牌產銷數量的調查。

市場佔有率的調查途徑很多，除了直接向各有關廠商搜集資料或透過業界人士間接打聽等方法外，可以按照整個商品的流程，可分為上源法、週邊法、下游法、中心法。

1. **上源法**

所謂上源法是從商品(包括國內生產與進口)達到可供銷售時之前的有關過程來著手，即調查原料、零元件、半成品、包裝容器等等的採購數量以及其他服務的委辦數量。一般而言，對由原料製造為成品時物理變化較少的商品，以及對成品有相對重要性較大的零元件、半成品或服務的商品，且市場需求較穩定者，尚不失為可行的辦法，以下舉例加以說明：

①彩色電視機——生產彩色電視機的映射管均來自國外進口，各廠商進口映射管的數量，對國產彩色電視機的產銷數量與市場佔有率有著決定性的影響。

②報紙、雜誌——國內各報刊、雜誌所號稱的發行數量多半誇大其詞，令人半信半疑，然而引用本法，報紙可由新聞用紙的配售數量換算發行份數，雜誌則由印刷廠與裝訂社著手調查，則其發行量與佔有率一覽無遺。

③紙盒牛奶——紙盒包裝的牛奶外包裝不需回收，因此形成產品與外包裝不可分割的形態，從各廠商紙盒的採購及使用數量即可瞭解紙盒牛奶各廠商品牌的市場佔有率。

④多元酯絲、棉——乙二醇為製造多元酯絲、棉的主要原料之一，不論廠商用 DMT 還是 TPA 為另一種原料，都要配合使用乙二醇，其間有一定的比例，因此如能獲知各廠商採購乙二醇的數量，就不難知道其多元酯絲、棉的產銷數量。

上源法的調查，距離商品流程的終點消費者或使用者最遠，產銷之間有存貨週轉的關係，而且各廠商的管理水準不一，故調查結果與當期實際的產銷數量難免會有一些差距。

2. **週邊法**

所謂週邊法是在供料與銷貨關係以外，由以廠商為中心點與其發生關係的各單位如同業公會、工業局、國貿局、海關、檢驗局、稅捐機關、銀行、報關行及其它機關、團體等來著手調查：

①同業公會——各同業公會所作的產銷統計本來應該是最具參考價值的數據，可惜各同業公會的組織大多不夠健全，有些只是徒具虛名，連會員名冊也不齊全，更別說產銷的統計了。主要原因在於同業公會是人民團體，政府沒有授予任何法定的權力，廠商入會與否並沒有強制性，對會員廠商產銷資料的填報也無約束的力量。僅有少數獲得政府行政命令的授權，負責辦理外銷簽證、檢驗或出口聯營商者，對於外銷量和產值尚能提出較具權威性的統計數字。因此，各同業公會大多不能提供完整的產銷統計資料。

②經濟部統計處與工業局——經濟部統計處按月編制的工業生產統計月報、工業局在工業簡訊按月刊公佈的重要工業產品產銷月報是目前所能瞭解到的各種產品產銷情況的主要資料，如能進一步查知個別廠商的產銷數量，就不難瞭解各廠牌的市場佔有率。

③稅捐機關——依照現行的稅制，與商品的產銷直接有密切關係者都有貨物稅，國產商品在出廠時徵收，國外進口的商品則由海關代徵，因此應納貨物稅的產品其完稅數據可以充份反映產銷狀況與市場佔有率，雖然有少數不法廠商逃漏稅款，但貨物稅統計仍是瞭解各商品產銷數量最確實、最有價值的數據。

④國貿局——商品的進出口是由國貿局簽發進出口許可證，能查知商品進口的發證數量、金額以及個別廠商的領證數量，就可以大致掌握各種商品的總進口量、產值與各國外廠牌在台灣的市場佔有率。

⑤海關——商品的進出口由海關編制進出口貿易統計月刊與年刊，海關的統計是以實際過關的數量為準，因此比進出口發證

數量或中央銀行結匯統計更有意義。海關的進出口統計相對詳實，但某些商品的分類尚不能完全切合市場的動態。由於海關作業過程繁雜，因此個別廠商進出口數量的查詢特別困難，如果只查一、二家主要競爭廠商還有這個可能。

3. **下游法**

所謂下游法是從製造廠商或進口商、商品到達消費者或使用者手中流通過程的各階段來著手調查，這種方法最接近商品流程的終點，是一般消費產品調查市場佔有率不可或缺的一環。

①消費調查

一般的消費者研究，可以獲知有關商品廠牌的使用率，即在距調查時最近的一段時期內，各廠牌商品為樣本戶購買、使用或持有的次數在全體樣本戶總次數中所佔的比率。如果有足夠的樣本、抽樣設計得法，廠牌使用率足可以反映市場的大勢，根據以往許多次消費調查的經驗顯示；所獲知廠牌使用率與實際市場佔有率相當接近，不失為調查市場佔有率可行的途徑。

②消費者固定樣本連續調查

消費者固定樣本是指一群定期報告他們的購買行為、態度及意圖的消費者。利用固定樣本的設計，我們可以對同一消費者樣本重覆調查以瞭解消費者購買行為、態度、意圖的變動情況，從而正確並迅速地獲知市場動向，經由消費者固定樣本連續調查，可以充分掌握各廠牌的購買量與市場佔有率。

③零售店銷售量調查

商品的銷售量和消費者的購買量，可由下列四個階段調查出來：

a. 廠商批發商的發貨。

b. 批發商進貨、庫存、對零售商的發貨。

c. 零售商的進貨、庫存、對消費者的銷售。

d. 消費者的購買、貯藏、消費。

長期來看，廠商的發貨量和消費者的購買量可以視為一致。

4. **中心法**

至於直接向各有關廠商搜集資料或作側面打聽的調查途徑，稱之為中心法。

其優點在於能夠單刀直入直接取得產銷明細數據，但在目前數據未公開的環境下，實用上有其困難點：第一，中小企業型的廠商，其產銷明細不見得經過完整的整理與統計，即使有資料在手卻不易取得。第二、大型企業的廠商，產銷資料多有較完整的統計，然而分工較細資料分散，同時管理此較嚴密，資料的搜集也不容易，往往只能獲得一些較為粗略的、非書面的數字，只能作為業務參考，如想作進一步的分析還不夠嚴謹。第三，側面打聽所獲得的資料也比較粗略，並且多屬傳言而不可全信。第四，如果廠商眾多且分散，逐一調查將耗費時間，如僅作重點性的調查將無法得知總體的產銷數量，個別廠商的市場佔有率也不容易確實計算。

五、市場佔有率的計算

在計算市場佔有率時。須注意以下事項：

1. 總體必須明確，首先要界定好地理區域，例如計算某品牌是在全市還是在全國的佔有率。

2. 要確定好產品的範圍。例如某食品類企業可以考慮幾種市場佔有率：一種是在純淨水中的市場佔有率，一種是在碳酸飲料類的市場佔有率，一種是在豆奶類中的佔有率。

除了品牌佔有率外，還可按品牌和產品類別計算佔有率，例如海飛絲洗髮劑有去頭屑和二合一兩種，可以將兩種產品合起來計算海飛絲在洗髮市場的市場佔有率；亦可分別計算去頭屑海飛絲在洗髮市場的市場佔有率；亦可分別計算去頭屑海飛絲、二合一海飛絲在洗髮水市場的市場佔有率；還可以計算去頭屑海飛絲在去頭屑洗髮市場的市場佔有率。

3.有時還可計算品牌在目標市場中不同消費群中的市場佔有率，例如可以考慮海飛絲去頭屑洗髮水在有頭屑者市場的佔有率。

4.在計算市場佔有率時，還需注意兩點：其一是只有互相競爭、互相能替代的產品才能劃為一類來計算市場佔有率。例如洗面乳和護膚品放在一起計算市場佔有率是沒有意義的，因為它們不是互相競爭或互相替代的產品；另一是用銷售數量計算市場佔有率時，產品必須是可比的，例如計算化妝品眉筆和唇膏的市場佔有率，就不能用銷售數量來計算，因為兩者的數量是不可比的，必須用銷售金額來計算市場佔有率。

六、市場佔有率的應用

市場佔有率指標在管理上扮演著三種重要角色。

1.評估經營績效的準繩

市場佔有率能為評估經營績效的準繩，主要基於兩項理由。

(1)市場佔有率是一個相對值，可反映由外界因素如景氣變動、物價水準的波動、需要的變動及政府政策的改變等影響整個行業的銷售結果，避免以銷售絕對值為評估準繩而產生錯覺。

⑵以市場佔有率為評估基準，意味著管理績效至少應與同業共進退，既不與最好的同業相比也不與最壞的相比，這是管理上最起碼的合理需要。

2.銷售預測的工具

個別廠商的銷售預測只要先將市場總需要預測出來再乘上個別廠商的市場佔有率，便可得到答案。單憑市場總需要的預測值仍然不夠，還需要有市場佔有率的預測值。因此在市場佔有率穩定的行業，廠商可根據穩定程度估出市場佔有率，而導出銷售預測量，但是在市場佔有率波動大時，就難以借市場佔有率估出未來的銷售值，雖然可借品牌轉換機率導出，或以預期各廠牌的行銷組合效率併入計算。

3.管理目標

許多企業經常以特定的市場佔有率為其管理目標。也就是管理當局規劃行銷方案力求在一年或一年以上的期間來達成特定的市場佔有率。以此為目標須先預測市場總需要，否則僅以銷售額為目標，當局所賦予的市場佔有率終將落空。

很明顯地企業經營的最終目的並不在獲取一特定市場佔有率，而在某一特定市場佔有率所帶來的利潤。如果利潤數據的取得比銷售數據容易，那可以肯定地說，以相對利潤率即利潤佔有率為管理的目標，將較為直接而且可靠。因為由銷售量至利潤之間尚有價格和成本因素在發生錯綜複雜的作用，但是，實際上各公司產品獲利數據的取得幾乎是不可能的事，所以，以市場佔有率為管理的目標似乎是不得已的辦法。

七、市場佔有率的預測

根據統計調查資料得到目前各競爭品牌的市場佔有率，上次購買某品牌的顧客數，以及上次購買某品牌的顧客中，下次仍購買該品牌、下次轉購其他品牌的顧客數和其他品牌轉購該品牌的顧客數，依據這些數據，我們可以得出下述三個比率：

重覆購買率＝本次仍購買該品牌的顧客數÷上次購買該品牌的顧客數×100%

轉出率＝本次轉購其他品牌的顧客數÷上次購買該品牌的顧客數×100%

轉入率＝本次轉購該品牌的顧客數÷上次購買該品牌的顧客數×100%

將這些比率利用馬爾可夫(Markov)分析法就可以預測未來的市場佔有率。下面我們通過一個例子來介紹這個方法。

例：假設在某市場中有 A、B、C 三家企業在彼此競爭。A 企業在五月底把這三家企業所銷售的產品做了一個市場調查，結果發現 A、B、C 三個企業的市場佔有率分別為 40%，40%，20%。然後六月底再做相同的調查後發現 A、B、C 三企業的市場佔有率分別為 42%、30%、28%。

兩個月的結果同時列在表中，在看到表中的結果後，A 企業的市場行銷經理不禁得意地笑了出來，不過當看到 C 企業的市場佔有率也有成長時，還是免不了有些擔心，因為他想到如果再繼續發展下去，最後 A 企業的市場佔有率究竟會有多少？而最後的市場佔有率的均衡點又會在那裏？

表 1-3　三家企業兩個月的市場佔有率

企業	五月底的市場佔有率(%)	六月底的市場佔有率(%)
A 企業	40	42
B 企業	40	30
C 企業	20	28

在前述的兩次市場調查中發現，在五月份光顧這三家企業的顧客中，有一部份顧客仍然向原來光顧的企業購買，有些顧客則轉向競爭對手購買，有些顧客則是從競爭對手中搶過來的，其結果列於表 1-4 中。其中第一列的數字表示，五月份購買 A 企業產品的顧客中，在六月份分別購買 A、B、C 企業產品的顧客數。第二、三列數字的意義類似。

從表 1-4 可知，A 企業在六月份從 B 企業及 C 企業分別搶到了 120 位及 20 位顧客。同樣地，A 企業也分別被 B 企業和 C 企業搶走了 80 位及 40 位顧客，最後結果是增加了 20 位顧客，而成為 420 位顧客。

表 1-4　三家企業顧客數變化分析

6月企業 / 5月企業	A	B	C	6月底的市場佔有率
A	280	80	40	400
B	120	200	80	400
C	20	20	160	200
6月總顧客數	400	300	280	

將表 1-4 的每一列數字除以五月份相應的總顧客數，可得到各企業的重覆購買率、轉出率和轉入率，其結果列於表 1-5 的轉移概率矩陣。

表 1-5　轉移概率矩陣

月企業 / 5 月企業	A	B	C
A	280/400=0.7	80/400=0.2	40/400=0.1
B	120/400=0.3	200/400=0.5	80/400=0.2
C	20/200=0.1	20/200=0.1	160/200=0.8

從表 1-5 可知，A 企業產品的重覆購買率為 70%，從 A 企業轉移到 B 企業的轉出率為 20%，而從 B 企業轉移到 A 企業的轉入率為 30%。

利用五月底的市場佔有率及六月份的轉移矩陣，可用矩陣乘法算出六月底的市場佔有率：

$$(0.4, 0.4, 0.2)\begin{pmatrix} 0.7 & 0.2 & 0.1 \\ 0.3 & 0.5 & 0.2 \\ 0.1 & 0.1 & 0.8 \end{pmatrix} = (0.42, 0.30, 0.28)$$

如果假定以後各月的轉移矩陣均和 6 月份的相同，把算出份的相同，把算出的六月底的市場佔有率，再和轉移矩陣相乘，可得到七月份的市場佔有率：

$$(0.42, 0.30, 0.28)\begin{pmatrix} 0.7 & 0.2 & 0.1 \\ 0.3 & 0.5 & 0.2 \\ 0.1 & 0.1 & 0.8 \end{pmatrix} = (0.41, 0.26, 0.33)$$

如此重覆計算下去直到達到穩定狀態為止，此時的市場佔有率為：

A 企業=36%

B 企業=23%

C 企業=41%

所以 A 企業的市場行銷經理還不能高興得太早。

為了預測今後的市場佔有率，可以通過預測今後的重覆購買率、轉入率和轉出率的變動，得到預測轉移概率矩陣，然後將它乘以這三家現在的市場佔有率，即可得到未來的預測市場佔有率。

心得欄

第二章

市場佔有率的提升戰略

——提升的決策、計劃及原則

市場佔有率反映出品牌產品在市場上的地位如何，它是一種產品在市場上的位置座標。根據這一座標位置，企業可以明確自己的提升走向，進而提升市場佔有率。

一、市場佔有率決策

經過決策程序，可能產生增加市場佔有率、維持市場佔有率、降低市場佔有率等三種不同的決策。

1. 增加市場佔有率的策略

市場佔有率的增加在短期內難能奏效，而且所費不少，因此在選擇此項策略時，還要考慮是否有足夠的資源？如擴充市場失敗，是否仍立於有利地位？為達成此項任務所採取的策略，是否為政府當局所認可。

設計「增加市場佔有率的策略」時，須針對各種情況予以考慮：主要市場處於產品壽命循環的階段；產品有無高度差異優勢；相對於競爭對手，可用資源的多少；競爭對手的數量及其績效。

增加市場佔有率的策略即在設法降低他牌市場佔有率，各種行銷手段均以創新性為首：

⑴**產品創新**

這是最有效的策略，仿造的創新對於成長性市場而言，只能維持市場佔有率。如美國全錄記載，增你智公司因對產品創新而提升了市場佔有率，但是，創新成本及所帶來的風險較大。因此，對市場需要、偏好、投資、時機等均應謹慎分析。

⑵**市場區割創新**

大市場佔有率的公司，往往對於小市場不予理會，這對於其他公司而言，正是提升市場佔有率的機會。依據產品定位分析，可重新確定產品地位，從而尋找未被滿足的市場。

⑶**分配創新**

尋找更有效的分配系統，如 Timax 打進非傳統性藥房與折扣店通路系統而增加市場佔有率，這些商品拒絕銷售其他品牌。

⑷**促進創新**

獨特的促進創新一旦建立，其他廠牌很難抄襲或抵禦。但是，除非原來的促進缺乏效果，否則，應先有產品，市場區割及分配的創新，促進的創新才有基礎，從而不致於徒勞無功。

2.**維持市場佔有率的策略**

檢討市場佔有率的結果，發現增加所獲得的好處抵不過所增加的成本與風險，減少也將使獲利降低，只好維持現有的市場地位。一些成熟性市場因具有影響力的廠商已享有大規模經濟而採取此項策略。

穩定市場佔有率策略幾乎和擴充市場佔有率一樣具有挑戰性，許多屈居下位的廠商虎視耽耽想蠶食大廠商的市場，經常推出擴充市場佔有率的策略，特別是削價措施最令人頭痛，隨同削價以維持市場佔有率將損失利潤並引起進一步的削價競爭；維持原價則損失佔有率又擔心重建佔有率的成本超過所維持的價格。

對付維持市場佔有率最有效的策略是以攻為守，有計劃地推出新產品、新的顧客服務、新的分配通路並降低成本。其次以多品牌政策佔據各個區割市場，以防堵市場，對抗策略也是防衛手段，例如以促進方案或削價來教訓競爭廠商。

3. 降低市場佔有率的策略

除非由於市場競爭的過度激烈或成本的巨幅上揚，或維持太多的邊際顧客而過度費力，致被迫選擇降低市場佔有率將損及獲利力，否則降低市場佔有率將意味著其他企業活動需要資金而出售部份市場，換言之，以長期獲利力換取短期的現金流入與利潤。

低行銷是企圖在短期或長期降低顧客的需要水準，可對整個或區割市場應用。降低顧客的需要水準只要與一般行銷策略反其道而行即可。如提高價格，降低促進支出與服務水準，降低產品品質取消產品特色，減縮通路廣度與深度等。廠商集中資源從而更有效率，即社會最感需要的方面，也在於使社會福利步向較高水準，所以低行銷原則也不失為經濟性手段之一。

市場佔有率是廠商在某一時期所獲得的相對銷售額。這一簡單的指數隱含著許多內容，不可直覺地加以使用，而應對其採用的定義、數據乃至市場環境的變化做充分的瞭解。

二、市場佔有率作戰計劃

(一)方法

企業在分析競爭狀況與市場需求後，至少可以有下列改變市場佔有率的戰略：

1. 增加市場佔有率

欲增加市場佔有率的方法，有下列四種：

(1)發展新產品

(2)改良產品品質

(3)增加行銷預算費用

(4)價格競爭

2. 維持市場佔有率

以攻為守，有計劃的推出新產品、新的顧客服務、新的分配通路，並降低成本，以多品牌政策佔據各個區隔市場，以防堵市場。

3. 降低市場佔有率

由於市場競爭的過度激烈、成本的巨幅上揚，或維持太多的邊際顧客而過度費力，致被迫選擇降低市場佔有率。

(二)市場佔有率作戰計劃

步驟 1、就公司內部檢討，分析「實績與目標」、「本期與上期」差異程度多寡。

步驟 2、就差異部份已按地區別與競爭者加以深入比較，探討潛在問題。

步驟 3、分析比較業界市場佔有率差異程度的檢討。

步驟 4、檢討企業內部總體戰力的優劣層面，並設法改進。

步驟 5、擬訂全面的市場佔有率計劃性作戰。

表 2-1　市場佔有率檢討表

品別	上期實績	本期			本期－上期差異(%)	資料來源	檢討
		實績	目標	差異%			

表 2-2　地區別市場佔有率分析表

廠牌／地區別	本公司			A公司	B公司	C公司	D公司	E公司	F公司
	商品甲	商品乙	商品丙						

表 2-3　業務戰鬥力分析表

公司名稱／區分		本公司	A公司	B公司	C公司	D公司	其他	合計
銷售額								
據點數								
銷貨人員數								
車輛台數								
販賣店	A級(大規模店)							
	B級(中規模店)							
	C級(小規模店)							
合計								
交易店比率								
市場佔有率								
結論	分析結果							
	建議事項							

表 2-4　商店比較表

調查日期：

店名／比較項目	____店	____店	____店	對策
店鋪形象				
店面面積				
佔地條件				
店面人員				
商品構成				
商品重心				
銷 售 額				
客戶人數				
商 業 圈				
店員素質				
營業方針				
促　　銷				
特　　色				
其他				

表 2-5　總體戰力分析表

審核 項目	審核內容	評等					對策
		1 分	2 分	2 分	4 分	5 分	
1.情報能力方面	是否能夠在需要的時刻搜集到所需數量的情報？						
2.供應廠商方面	是否儲備有不同層次分配均衡的供應廠商呢？						
3.商品能力方面	擁有多少其他同業所沒有產制的獨特商品呢？						
4.市場配置方面	市場的大小及分佈密度是否均衡？						
5.市場佔有率方面	各種產品的市場佔有率如何？						
6.銷售據點數量方面	銷售據點數目及其效率如何？						
7.銷售管道方面	據點、代理店、顧客的質與量如何？						
8.顧客方面	是否擁有足夠的顧客數，是否各種層次的顧客很均衡？						
9.顧客穩定性方面	平常是否講求鞏固顧客的對策？						
10.交貨方面	是否能夠做到迅速、便宜又正確地交貨？						
11.業務員方面	量與質是否呈均衡狀態？						
12.銷售企劃作業方面	銷售企劃，促銷計劃為數之多寡及其成效如何？						
13.促銷效應方面	舉辦展示會、促銷活動時是否遭到外在環境的破壞？						
14.機動能力方面	是否具備因應狀況的機動能力？						
15.廣告宣傳方面	是否經常在努力提高企業的知名度，其成效如何？						

圖 2-1 市場佔有率計劃作戰

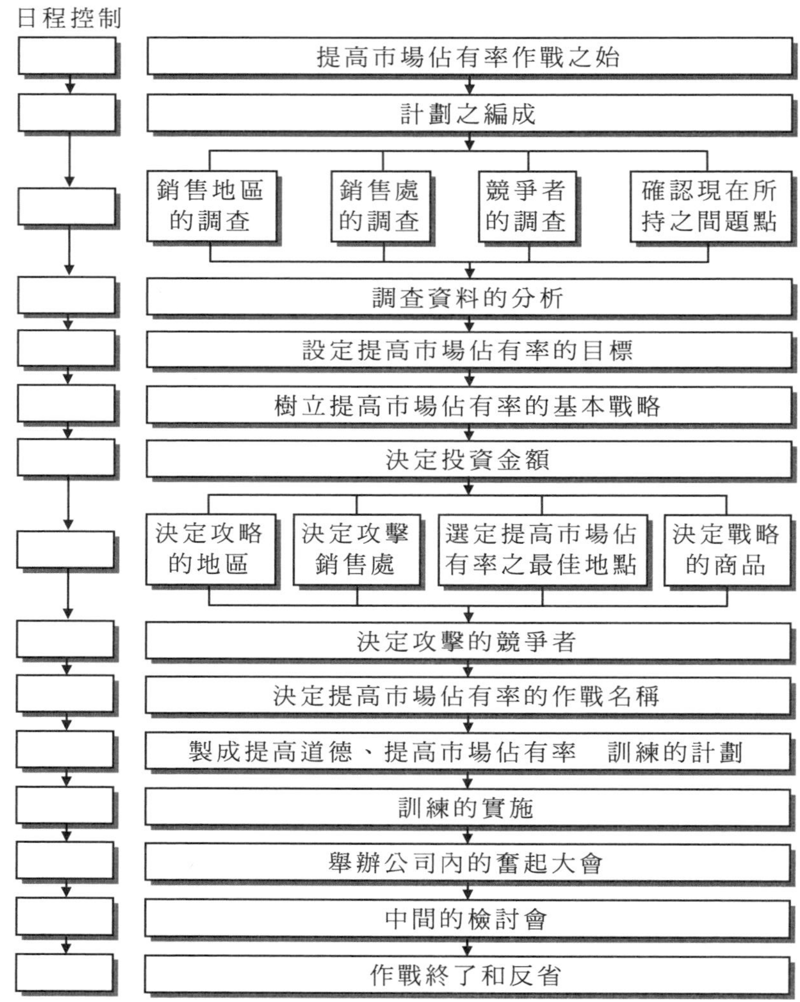

三、市場佔有率提升的藍查斯特戰略

市場佔有率反映了一種品牌的產品在市場上的地位如何，它是一種產品在市場上的位置座標。根據這一座標位置，企業可以明確自己的提升走向。把自己的座標弄清楚是知己的功夫，弄清別人的位置是知彼的功夫。知己又知彼，方有成功的可能。

根據市場佔有率這一初始座標確定提升走向(路徑)，常常會用到「藍查斯特戰略」。

藍查斯特是英國航空工程師，一戰期間他用數學方法分析了飛機對戰爭的影響，以及戰爭時敵我雙方軍力和戰爭勝負的關聯，他將歷來陸海空戰爭時敵我毀損量加以檢討，而發現共同的規律，即所謂的「藍查斯特法則」，簡稱「藍氏法則」。二戰期間，美國進一步研究了藍氏法則，提出了藍氏戰略模式，創造出輝煌的戰績。1962 年日本的田岡信夫將其運用於行銷戰略上，並於 1984 年提出「新藍氏法則」，新藍氏法則有以下兩方面的內容：

(一) 由藍氏戰略模式導出的市場佔有率目標值

1. **上限目標值——73.9%**

此為佔絕對優勢的獨佔狀態，不論對手的個數和實力，佔有率平均在該公司的射程距離之外。然而，取得 73.9%以上的佔有率不能算是明智之舉，還是因為：

(1)一個企業即使已有獨佔性佔有率，但在顧客個性化的今天，想達到 100%的佔有率是不可能的。剩下來的是其他企業的忠實顧客，對獨佔企業來說則屬於天然的反對者，要以這些人為目標對象，行銷費用是相當大的。

⑵會導致和其他業界的強烈競爭。例如某汽水品牌具有壓倒性的市場佔有率時，這意味著和其他飲料，如奶類、純淨水等的競爭將更為激烈。無論獨佔性企業實力如何，如果想和其他業界競爭，都不是那麼容易的事，要花費巨大的費用。

⑶市場佔有率與投資報酬的關係是：隨著佔有率由 10%上升到 14%，投資報酬率也跟著上升，但佔有率超過 74%，投資報酬率上升則逐漸減弱，甚至趨於下降。

佔有率達到 73.9%的企業，在防禦維持的基礎上推進多角化提升才是明智之舉。

2. 安定目標值叫 41.7%。

在市場中，如果有三家以上公司競爭時，只要誰先取得 41.7%的市場佔有率，就可以超越其他競爭者，處於優勢的位置，不僅成為企業界主流，而且很快就能遙遙領先。例如卡西歐電子電腦，從 1978 年突破 40%以來到現在，幾乎每年都上升。企業進入相對安全圈，是各企業推進市場提升的首要目標。

3. 下限目標值——26.1%

即使此時公司的市場佔有率在本行業內名列榜首，卻極不穩定，隨時可能受到進攻，26.1%的佔有率構成劣勢的上限。超過 26.1%的話，表示有可能從勢均力敵中，「脫穎而出」形成「領先地位」。

以上三個目標值可以幫助提升工程師認識自己公司正處於競爭中的什麼位置，以及對今後的展望和提升走向。

(二) 藍氏戰略的射程距離理論應用於市場競爭

將藍氏戰略模式的射程距離理論(具體理論推導略)用於市場競爭可得：在局部地區有特定兩家企業，成為一對一的競爭情形時，只要有一家的市場佔有率是另一家的三倍以上時，對方便無法擊敗它；相反地若不滿三倍，則弱者有反敗為勝的可能。當區域比較大，有許多家企業競爭，而變成綜合戰時，只要有一家市場佔有率大於其餘企業的 1.7 倍以上，其他對手就無法贏它；相反的若不滿倍的話，就可能反敗為勝。這個原理，不僅適用於佔有率為第一名和第二名之間，第一名和第三名之間，也適用於第二名和第三名之間等等。標準僅適用於通常的情況，但一旦有劃時代的產品上市時，便很可能扭轉乾坤，像醫學界所發明的藥劑便是如此。

四、市場競爭結構的五種類型

由目標數值及射程距離，可將市場佔有率的競爭結構分為五種類型：

1. 分散型

這種結構中各品牌的佔有率分佈為：20%、18%、16%、14%、12%、10%、10%(其他品牌的綜合)，其特點為：

⑴第一名品牌的佔有率在目標下限 26%以下。

⑵各品牌的市場佔有率的距離在 3%以內，因此各品牌的佔有率的比值均在 1.7 以下。

⑶市場競爭激烈，經營只要稍有鬆懈，就可能下降，包括首位在內，順位變動的可能性很大。

2. **相對的寡佔型**

這種結構中各品牌的佔有率分佈為：30%、25%、20%、11%、8%、6%(其他諸多雜牌的綜合)，其特點為：

⑴前三位的佔有率總和超過 73.9%(上限目標值)。

⑵第二名和第三名相加便可上升到第一名。

⑶1～3 名的市場佔有率的比例在 1.7 以內，主要的競爭發生在前三位之間，其他的則受到前三位的競爭威脅和壓力。

3. **二大寡佔型**

這種結構中各品牌佔有率分佈為：38%、36%、18%、5%、3%。其特點為：

⑴前二名的佔有率總和超過 73.9%。

⑵前二名的佔有率之比在 1.7 以下，只有這種競爭是屬於第一法則型，屬於第二名的並不會處於不利的地位。

⑶前二名容易合作競爭，其他易受排擠淘汰。

4. **絕對獨佔型**

這種結構中各品牌的佔有率分佈為：43%、24%、17%、9%、7%。其特點為：

⑴第一名的市場佔有率已超過安定目標值 41.7%，其佔有率大於第二名的 1.7 倍。第一名將走向獨佔地位。

⑵第二名最容易受到來自第一和第三名的威脅

5. **完全獨佔型**

這種結構中各品牌的佔有率分佈為：74%、16%、7%、3%。其特點為：第一名超過 73.9%，競爭結構已分曉，屬於市場結構穩定狀態。

市場佔有率的結構型態常如圖 2-2 所示的方向推移。

圖 2-2　市場佔有率結構形態轉移圖

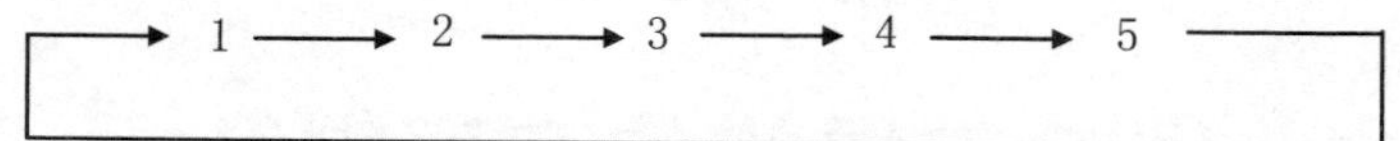

分散型中有三家企業脫穎而出，經過激烈競爭，後來成為雙雄對峙的局面，這時只要其中一家戰勝就可遙遙領先，或者分散型中有二家脫穎而出，後來第二名打贏第一名，獨霸天下。但隨著時間的推移，市場將發生新的需求或出現技術革新，而產生結構性變化，重新回到分散型，再重新循環。

心得欄 ------------------------------

第三章

現有市場的佔有率提升——狀況分析與提升企劃

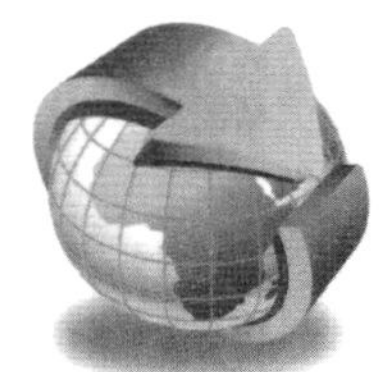

實現市場佔有率提升的第一步，就是針對現有市場狀況，作深入而系統的分析，從具體的資料中，尋找出企業的機會點與問題點，並以此作為提升市場佔有率策略的基礎。

一、現有市場狀況分析

實現市場佔有率提升的第一步，就是針對現有市場狀況，作深入而系統的分析，從具體並具有科學性和數量性的資料中，尋找出企業的機會點與問題點，並以此作為提升策略定的基礎。

市場狀況的分析，是整體提升活動的一環。分析工作做得好，對環境有正確的認識和瞭解，則一切變數就容易在掌控中。如果不做分析工作，或只是霧裏看花，風險及失敗就不可避免。即使成功了，也只是靠一時運氣，不足為訓。

對現有市場狀況的分析可概括性地分為市場總體狀況分析、企業自身狀況分析、競爭對手狀況分析與顧客狀況分析。

（一）市場總體狀況分析

1. 人口分析

應予分析的項目有人口、戶數、人口密度、人口年齡結構的變動、家庭組成的變動、地域遷徙的變動及社會階層的流動等。

2. 經濟因素分析

經濟分析主要是對經濟是否景氣的分析和預測。當景氣上升時，購買力普遍提高，消費者購買意願增強，企業的投資也會加速，進而影響整體市場的需求。等到景氣衰退時，購買力就會減弱，投資意願隨之降低，市場需求相對萎縮。企業的提升策略必須隨著景氣的好壞加以調整。此外，對通貨膨脹的程度、所得的分配狀況、利率、稅率、匯率等因素也必須加以分析。

3. 科技因素分析

科技方面，由於日新月異的新產品不斷被開發出來，產品的壽命週期因之縮短。今天暢銷的產品，可能一夜之間就為消費者摒棄。尤其是電腦已被各行各業廣泛採用，功能又不斷推陳出新，對於行銷生態和制度都產生了深遠的影響。因此，企業為了求新求變，不僅要重視研究發展，對於提升策略能否與科技環境同步創新，尤應重視。

4. 政治法律因素分析

政治法律方面，隨著社會經濟活動的多元化、複雜化以及政府功能的增加，許多法規都是針對行銷活動而制訂，如商標法、反不正當競爭法、消費者權益保護法等，這些法律的制訂或政策的形成，對於提升策略的制訂都會產生重大的影響。

5. **自然風土與文化因素分析**

自然、風土與文化方面，包括了歷史文化、天氣地形、溫度濕度、風俗習慣、行為模式、觀念、生活方式等。它具體到現在人們的習慣、家庭、信仰、藝術等傳統與偏好上。這些因素對提升活動的影響是巨細靡遺、無所不在的。

6. **區域發展計劃分析**

區域發展計劃分析包括對城市發展規劃、產業發展計劃、商業發展計劃、觀光開發計劃及其他計劃的分析。提升策略必須與這些產業或行業的發展趨勢保持一致。

（二）企業自身狀況分析

1. **企業營運資源分析**

在本項分析中，我們需要從企業加入市場的歷史、企業銷售力、原有形象傾向以及企業力等方面詳細分析企業的市場地位、市場佔有率變化、企業規模、組織、技術水準、管理能力、財務實務、人才素質和企業形象等指標。本項分析對企業確定自己在市場中的位置至關重要。

2. **企業通路分析**

本項目需要從企業結構、企業力、企業網路、現有通路力、通路成長性等方面，分析原料供應、經銷商、代理商、零售商、合作廠商等通路要素與企業的相互關係。

3. **公共大眾分析**

公共大眾分析包括對傳播媒體、金融機構、民意機構、社區大眾、仲介社團、工會、廣告公司、公關公司以及專業顧問諮詢公司等聯盟或潛在聯盟單位的分析。

(三) 競爭對手狀況分析

分析競爭對手的狀況應事先確定一些十分重要的競爭對手，有目的地瞭解。然而，有些競爭對手是明顯的，有些競爭對手則是潛在的，而潛在對手往往是重要的。可以這樣來預測潛在的競爭對手：

⑴不在本行業但容易進入本行業的企業

⑵進入本行業有明顯增效勢頭的企業

⑶戰略不斷擴大且進入本行業後好鬥的企業

⑷可能聯合的客商或供應商

⑸可能合併或吞併的企業

無論是潛在的競爭對手還是明顯的競爭對手，我們都有必要從四個方面的要素進行分析：長遠目標、現行戰略、假設及能力。

1. 長遠目標

長遠目標指各管理層的目標和綜合目標，它是競爭對手的動力。本項目應予分析的因素包括：

⑴競爭對手的財政目標是什麼？定量因素。

⑵競爭對手的市場位置目標？定性因素。

⑶競爭對手的技術位置目標？定性因素。

⑷競爭對手的社會活動目標？定性因素。

⑸競爭對手對風險持何種態度？

⑹競爭對手的組織結構？

⑺競爭對手各部門工作人員的報酬？

⑻競爭對手是否存在對目標有重大影響的組織價值觀？

⑼競爭對手如何分配關鍵決策的責任及能力？

⑽競爭對手的領導階層背景及經驗？

2. 假設

每個公司都對自己的事業有所假設，這些假設是對競爭對手採取行動及反擊方式的指導。認清競爭對手的假設應從競爭對手的公開言論、主管的要求、銷售隊伍的要求、競爭對手分析形式的價值觀、對產品未來趨勢的看法等方面著手。

3. 現行戰略

現行戰略是公司為之奮鬥的目標與公司達到這些目標而尋求的政策的結合物。認清競爭對手現行戰略的目的是瞭解對手能做什麼以及正在做什麼，並對每個競爭對手現行戰略列出清單。應予分析的因素如圖 3-1 所示。

圖 3-1　競爭對手現行戰略因素

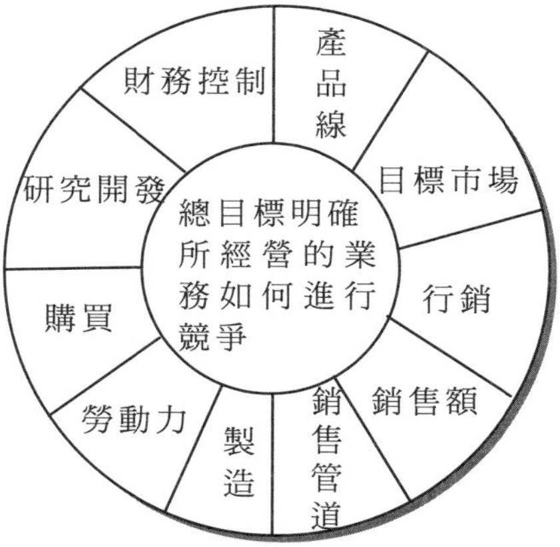

總目標明確所經營的業務如何進行競爭

產品線

目標市場

行銷

銷售額

銷售管道

製造

勞動力

購買

研究開發

財務控制

4. 能力

對競爭對手實事求是的評價是至關重要的。瞭解和評價競爭對手的能力應從以下入手：產品的市場佔有率、綜合管理能力、組織能力、財務實力、銷售實力、研究能力及工程技術能力等。

（四）顧客狀況分析

1. 市場容量分析

本項目應分析的因素有市場總容量、現有顧客數、潛在顧客預測數量、顧客對產品的使用頻率與使用數量、重覆構買頻率等。

2. 顧客背景與行為分析

本項目應從消費者屬性、收支水準和模式、消費者行為、生活型態與生活文化、消費偏好等方面詳細分析消費者的性別、年齡、家庭所得、消費支出、購買實態、購買習慣、生活滿足度、期待與方向、購買動機、購買誘因等諸多指標。

二、市場佔有率的提升原則

1. 優先主義

應將競爭目標和攻擊目標分開採取不同的戰略，推進市場提升。競爭目標是指和本企業勢均力敵或較強的敵手。而攻擊目標指佔有率比自己低的敵人、腳下的敵人。尤其是弱小企業，應該避免和自己強的對手競爭，而應優先和自己較弱的對手交戰。以腳下的敵人當作攻擊目標，籍輕易取勝來鞏固現在的地盤，這種方法可以縮短和競爭目標的差距，以達到一石二鳥的結果。不論擁有多高市場佔有率的企業，絕對不可能完全沒有缺點，總會有死角、盲點，只要集中攻擊那個地方，也能夠因此而獲勝。

2. 第一主義

從產品和市場中尋找有利於本企業的陣地，在該領域樹立領先地位，贏得地區第一，產品第一，顧客第一等等。即在地區裏取得第一位的市場佔有率；擁有市場中處於領先地位的第一流商品；在接受特定的顧客訂購中佔第一位。不只要第一，還要求與第二名的距離要超過射程距離。因為雖是第一名，但若跟第二名很接近，就不那麼有利了，因為不知何時會被第二名趕上。競爭都是相對的，所以和對手相差距離的大小是決定勝負的重要因素。

對於弱者而言，成為第一的方法，是按照地區→顧客→產品的順序來達到整體的第一名(三種第一)。即選定一個局部地區，使自己的產品在該地區的市場佔有率為第一，進而求得顧客第一和產品第一。弱小企業不能只把創造產品第一放在首位，因為即使你和強企業的產品不一樣，強企業可以很快地仿製你的產品，它既可以生產出價錢低的產品，也可以生產比你的價錢高、但品質更好的產品，從而使你的商品賣不出去。故弱者應以創造地區第一為主要方面。

對於強者，應按照產品→顧客→地區的順序來達到整體的第一名。即首先對產品作徹底的研究，使它成為最暢銷的商品，

直到越多的同類產品的銷售量都名列第一時，自然而然它就是產品的第一名。這種形勢繼續發展下去，便可以達到顧客第一，最後達到整個地區的第一名。

3. **焦點主義**

提升的原則之一是焦點，應先決定重點，然後聚集力量於重點上，因此稱為焦點主義。尤其是對於弱者來說，其人力、物力、財力都比不上強者，再將它分散的話，可能根本沒有勝算。所以將地區、產品、顧客層等加以分類，找出其中特別值得全力以赴的方面，仔細研究再採取行動。這裏有兩個重要問題。

第一是應該將什麼焦點化？原則上，強者應以產品為重點，應考慮產品的市場規模及市場成長率的高低；而弱者則選擇地區，應選擇有壓倒性勝利希望的地區為目標。

第二是須集中什麼程度的力量，如推銷員人數、廣告宣傳費等。常常有人誤會成將全部力量集中於一點。競爭是相對的，所以集中到什麼程度，須看對方的投入量來決定，只要比競爭對手所付出的力量多一些就行了。

例：在某行中有 A、B、C、D 等四家主要競爭企業，其中市場佔有率分別為 32%、18%、13%、28%所示。而 B 企業在甲、乙、丙、丁四個銷售地區的市場佔有率分別為 9%、7%、21%、35%，假設你是 B 企業的市場行銷部經理，下列各項戰略你會如何選擇？

1.將 A 企業作為當前的競爭目標，並以此來確定對象，以儘快趕超 A 企業。

2.將 C 企業作為當前的攻擊目標。

3.將全部行銷力量投入甲、乙地區，以提高產品在該地區的佔有率。

4.將行銷力量從甲乙兩地區撤離投入丁地區。

三、現有市場提升企劃

提升企劃是通過經營業務評估、行銷環境分析、問題與機會分析等對提升實現的過程進行縝密的策略性規劃。優秀的提升企劃可以使企業提升的目標有條不紊的順利實現。下面通過四個步驟來制訂現有市場的提升企劃。

（一）步驟一：我們在那

首先，我們必須對過去的資料加以分析，並對現況加以瞭解，才能從中找出機會，為提升制訂相應的策略。

在狀況分析裏，我們必須探討幾個重要的市場因素。

1. 市場資料

以電腦為例，我們所要搜集的市場資料應包括表 3-1：

表 3-1　市場資料內容

	項目	因素	因素構成
市場總體狀況分析	人口分析	存量	人口、戶數、密度、年齡結構
		流量	人口年齡結構的變動、地域遷移變動、社會階層流動
	經濟因素分析	景氣指標	上升、衰退、趨勢、週期
		其他指標	通脹率、所得分配結構、利率、稅率、匯率
	科技因素分析	應用从和普及程度	產品技術含量、公共認知度、總體趨勢
	政治法律因素分析	政治	政局、有關政策、干預度、政府職能走向
		法律	相關法規、利用或避免
	自然、風土及文化因素	自然	天氣、地形、溫度濕度、變動趨勢
		風土	歷史形成、民情民貌
		文化	歷史文化、民俗、習慣、民族傳統
	區域發展計劃分析	現在狀況與總體趨勢	城市發展規劃、產業發展規劃 商業發展計劃、觀光開發計劃
企業總體狀況分析	企業營運資源	加入市場的歷史	初期～現在的市場地位、市場佔有率、各期間的市場刺激及效果
		銷售力	銷售能力、銷售技術、銷售範圍與配置
		原有形象傾向	與批發業、零售業及消費者的形象與差距
		企業能力	銷售業績、人才力、資金力、組織力、企業實力、企業規模
	通路分析	企業結構	批發、零售業銷售店數與銷售額從業員數
		企業力	都市生活和能力、街區商店特徵、都市商區吸引力
		企業網路	通路特徵、批發商圈、零售商圈

續表

	項目	因素	因素構成
	通路分析	現存通路力	市場商店佔有率、商店內產品佔有率、庫存數量、回轉率
	公共大眾分析	通路成長性	評估產業的數量和規模、新產業的接受程度、浸透度
		媒體	溝通力、理解差異
		機關機構	支持力、利用效率
		廣告、公關及顧問公司	合作狀況、潛力
競爭對手狀況分析	長遠目標分析	定量因素	財政目標
		定性因素	市場位置目標、社會活動目標、技術位置目標
		其他因素	對風險所持態度、組織結構、薪資、組織價值觀、責任與能力分配、領導階層背景及經驗
	假設分析	競爭對手關於自我的假設	公開言論、領導的要求、銷售隊伍的要求、分析形式的價值觀、對產品未來趨勢的看法
	現行戰略分析	對手能做什麼及正在做什麼	目標市場、行銷組合、銷售額、通路、生產、勞動力、購買行為、研究開發、財務控制、產品線
	能力分析	優勢與弱點	市場佔有率、綜合管理能力、組織力、財務能力、銷售實力、研究能力、工程技術能力
顧客狀況分析	市場容量分析	數量指標	市場總容量、現有顧客數量、潛在顧客預測數量、顧客使用量（購買量）
		頻率指標	顧客使用頻率、頻率變動幅度、重覆購買頻率
	顧客背景與行業分析	消費者屬性	性別、年齡、職業、教育、家庭、生活背景、社會階層
		收支水準和模式	資產、所得和可支配所得、消費支出額、消費支出分佈、存款、負債額
		消費者行為	購買實態、購買習慣、年/季/月/週購買行為
		生活型態與生活文化	生活背景、意識、生活滿足度、生活期待與方向、資訊的吸收
		消費偏好	購買動機、購買誘因、產品評價、對產品需求度、意願佔有率

⑴電腦整個市場有多大？

⑵市場的年成長率是多少？

⑶IBM 的市場佔有率是多少？XX 牌的市場佔有率是多少？

⑷本品牌的市場佔有率是多少？各品牌市場佔有率的成長率是多少？

⑸與整體市場的年成長率相比較，那些品牌屬於正成長？那些品牌屬於負成長？

此外，我們還必須掌握：

⑴市場的變化與趨勢如何？

⑵若聯想推出證券投資商用電腦，會不會細分出來一個子市場？

⑶本品牌是否要跟進？

⑷近年來，家用電腦日益普及，線民不斷增加，電子商務漸趨繁榮，這種趨勢有利於電腦業的發展。本品牌如何推波助瀾，從中獲利呢？

2.營業額

將營業總額按照產品別、銷售區域別、通路別或市場別加以區分，以瞭解敵我之間的短長。在分析營業額時，至少要有過去十二個月的詳細資料，能有三年以上的歷史資料則更有利於我們分析工作。此外，對競爭者的營業額也要同樣加以分析。

3.產品優缺點分析

以可樂為例，我們需要分析的內容有：

⑴可口可樂的優缺點是什麼？

⑵百事可樂的優缺點是什麼？

⑶我品牌可樂的優缺點？

⑷它們各有什麼產品特色與主張？

⑸消費者接受這些主張的程度如何？

⑹本品牌的優缺點是什麼？

⑺這個差異點對消費者重要嗎？

⑻若由本品牌提出一種獨特的差異點，消費者會相信並接受嗎？

在分析產品優缺點時，我們應該從品質、可靠性、價格、價值、顧客滿意度、產品外型設計與包裝、品牌形象、產品特性等角度，客觀地評估每個品牌，以便瞭解敵我之間的優劣勢。

4. 競爭狀況

仍以可樂為例，可口可樂的主要競爭者就是百事可樂，因此，可口可樂要深入瞭解百事可樂市場佔有率的變化、新產品上市計劃、訂價政策、配銷方式、廣告支出、媒體安排、促銷活動（對通路與消費者）與效果、廣告主題與訴求對象等資料，才能達到克敵制勝的效果。

5. 消費者使用實態

消費者使用實態是不可或缺的資料，這種資料一般都是經由終端用戶訪談或行業媒介調查報告加以搜集，並要定期重新調查確認。

6. 本品牌分析與檢討

再以可口可樂為例，在知彼之後——瞭解競爭者，還要知己——自我分析與檢討。因此可口可樂應該對自己過去一年裏的行銷活動加以檢討：

⑴消費者促銷活動成效如何？

⑵通路促銷的成效如何？

(3)廣告的訴求是否能為消費者所接受？

(4)投入多少廣告費？

(5)媒體如何分配？

(6)經銷商的配合度與經營意願如何？

(7)本品牌的定位是什麼？

(8)有無修正的必要？

(9)百事可樂推出無糖型，是否對銷售造成影響？

(10)可口「醒目」飲料的接受度如何？

(11)品牌形象與知名度如何？

行銷人員必須掌握諸如此類的資料。未來發展趨勢綜合上述種種資料，再加上其他有關外在環境與整體市場的動態資料，我們必須從中找出未來市場的軌跡與趨勢，以作為制訂提升策略的依據。

（二）步驟二：掌握問題點與機會點

對市場狀況有所瞭解之後，我們就要從中整理出那些是對公司不利，那些是對公司有利。不利的就需要加以修正、調整；有利的就是應該加以掌握、運用的機會點。

對問題點與機會點的分析，我們可以通過 SWOT 法來實現。S 即 strengths(優點)，W 即 Weaknesses(缺點)，O 即 Opportunities(機遇)，T 即 Threats(威脅)。前兩者是企業內部的因素，是可控制變數；後兩者是外部因素，是可利用變數。以某電腦品牌為例來說明 SWOT 分析法的使用：

1. 產業環境分析

(1)威脅(threats)

①新品牌陸續投入戰場，使原已成熟的市場競爭更趨激烈。

②匯率降低及某些同業陸續降價，使得若干消費者採取觀望、惜買的態度，且價格競爭相當激烈。

③進口管制放寬，質好便宜的外國貨湧入(如日本貨)，造成潛在危脅。

⑵機會(opportunities)

①隨著國民收入的增加，家用電腦日趨普及。

②匯率下降，進口原料成本降低，使得產品成本隨之降低。

③集教育、財務管理、娛樂於一體的多媒體電腦日漸被消費者接受，是一個值得開發的市場。

將上述分析結果填入表 3-2。

2. 企業本身分析

⑴缺點(Weaknesses)

①與其他品牌相比較，本品牌的價格顯然偏高，因而失去了那些對價格比較敏感的顧客層，價格政策應該重新評估。

②本品牌電腦的處理器與圖形加速卡，已不再居業界之冠，我們應該在研究發展上多下功夫。

③本公司的品牌形象有下降的現象，應該及早防止。

⑵優點(strengths)

①95%的消費者知道本公司的品牌，這個知名度是業界冠軍。

②40%的消費者在考慮購買電腦時，以本品牌為第一個考慮的對象。

③本公司的經銷商是行業中推銷技巧與經驗最豐富的一群。

將上面的分析資料填入表 3-2。

表 3-2　SWOT 系統分析

<table>
<tr><th colspan="3">內部份析</th><th colspan="3">外部份析</th></tr>
<tr><th>因素</th><th>S</th><th>W</th><th>因素</th><th>O</th><th>T</th></tr>
<tr><td rowspan="2">獲利能力
價格
品質
服務
通路
財力
財務管理
生產能力</td><td rowspan="2">經銷商技巧與經驗豐富</td><td rowspan="4">偏高
處理器與加速卡落後</td><td>當前顧客
潛在顧客</td><td>增長
有普遍趨勢</td><td rowspan="4">觀望、惜買更加激烈、趨向落後

進口管制放寬、外國品湧入、工資、零件價格漲</td></tr>
<tr><td rowspan="2">競爭
技術
政治氣候
政府及管理部門
法律</td><td rowspan="2"></td></tr>
<tr><td>生產與分配</td><td>生成成本降低</td></tr>
<tr><td>員工發展</td><td></td><td>市場</td><td>新細分市場(多媒體)</td></tr>
<tr><td>聲譽</td><td>品牌知名度高(98%)，認知度高(40%)</td><td>品牌開始下降</td><td>經濟環境</td><td>良好</td><td>局部不利</td></tr>
</table>

⇩

具備最重要優勢面對最佳機遇	面臨的威脅與最大弱點
1.(S) 品牌知名度高，顧客認知度高 2.(O)顧客有增長趨勢 3.(S)經銷商技巧與經驗豐富 4.(O)新的細分市場形成	1.(W)價格偏高 2.(T)產品技術已趨落後 3.(T)更多的品牌加入競爭

⇩

對優點與機會點、弱點與威脅的分析決策
1.加強研究開發，使產品趨於完善 2.開發新的細分市場 3.在廣告與促銷上下功夫，使觀望顧客變成購買顧客！

在分析問題點時，我們應該追根究底，找出問題背後的真正原因，而不能迷惑於問題的表面現象。例如銷售下降並不是問題，

而只是問題的症狀。事實上，真正的原因可能是：

①競爭者推出新產品。

②新的競爭者加入。

③產品品質有問題。

④價格偏高。

⑤售後服務不佳。

⑥市場飽和，整個行業的趨勢往下滑落。

⑦廣告的衝擊力不強。

如果沒有找出以上等等問題真正的病因，而只是拘泥於表像，是永遠無法解決問題的。

（三）步驟三：我們往何處去

在分析完機會點與問題點之後，行銷人員便應該擬定往後要走的方向，也就是提出提升目標並明確定量指標。

提升目標不應該僅限於市場佔有率(當然市場佔有率是最重要的指標)，更應該包括那些可以提高市場佔有率的有利因素。畢竟，提升目標是以掌握機會、解決問題為主，例如：

⑴使市場佔有率從 22%提高到 27%。

⑵使鋪貨率從 40%提高到 60%。

⑶使產品知名度從 70%提高到 80%。

⑷提高品牌形象。

增加消費者的使用量(如柯達推出 48 張的彩色膠捲)等。在設定提升目標時，我們應該注意以下幾點：

1. **目標要量化**

提高市場佔有率或增強產品知名度都只是一種口號，不能成為目標——因為不夠具體。如果以數字表示，則意義就大不相同。如將佔有率提高為 30%，或將知名度提高為 60%等，就是具體而明確的目標，日後要衡量執行效果，也才有所依據。

2. 必須標明時間

是要在一年之內，完成市場佔有率 30%的目標，還是三年；究竟是每個月業績 800 萬，還是每季。標明時間，才能夠在時間屆滿之後，進行效果分析。

3. 最好能夠明細化

甲產品市場佔有率目標 25%、乙產品市場佔有率目標 31%、丙產品市場佔有率目標 34%，比總市場佔有率 30%更具體且清楚。如果能再細分到月份別、區域別、銷售人員別、經銷商別，對日後的追蹤控制，將更有助益。

4. 目標必須兼有可達成性與挑戰性

只有當目標具有可達成性時，目標才能成立，也才會有激勵作用。過高的目標只會讓人感到沮喪，甚至想放棄，反而造成反作用。但是，目標也不能太輕鬆，如果輕而易舉就能達成的目標是無法激發人們的潛能和鬥志的。理想的目標應該是讓人覺得，只要自己多努力一點，就有可能達成。也就是說，目標既不會太低——沒有挑戰性，也不會太高——沒有可達成性，只要肯拼——發揮潛力，就可以順利完成。

（四）步驟四：如何到達該處

知道要達成的目標後，接下來就是：如何達成目標。其中涉及誰做什麼事、如何做、何時做、按什麼順序、通過什麼行銷工具以及要花多少成本等，凡此種種都是策略與行動方案的範疇。

提升策略包含三大要素，即目標市場、定位以及行銷組合。在此，我們應參酌種種資料與分析，選定公司目標市場，並提出具有競爭力的定位，配合行銷組合的運作，達成市場提升的目的。

市場提升的策略有兩種，即擠佔對手佔有率與提升總體佔有率。擠佔對手是一種的主動攻擊的作戰策略，企業通過攻擊其他競爭者以掠奪更大的市場佔有率，從而在現有市場的蛋糕上切下更大的一塊。提升總體佔有率則是企業在現有市場趨向飽和，市場佔有率比較固定的情況下致力於擴展整體市場，以期在市場擴大的趨勢下使總體佔有率實現提升。這是一種把蛋糕做大的策略。

對上述兩種策略的選擇要視企業的規模、實力、市場佔有率、產品結構、品牌知名度、通路以及競爭狀況等因素而定，公司某個機會的成功概率不僅取決於業務力量是否與在目標市場中成功經營所需的主要條件相匹配，還取決於業務力量是否超過其競爭對手的業務力量。僅僅具有能力還不能構成競爭優勢，最善經營的公司就是那種能創造最大價值並能持之以恆的公司。

對提升策略的選擇並不是唯一的，公司可同時採取兩種策略：即一邊掠奪對手的市場佔有率，一邊開拓整體市場。或者公司在某一時期側重於擠佔對手佔有率，在競爭大勢已定的情況下，再致力於總體佔有率提升。總之，公司在實現市場提升的過程中，要針對目標市場與競爭狀況的變動及趨勢對策略靈活使用，及時調整，才能做到戰無不勝。

四、總體佔有率提升

如果現有市場已幾分天下，大勢已定或者市場空間已趨向飽和，則企業在現有市場中繼續擴張佔有率的成本過於昂貴。

此時應將資源投入整體市場的拓展中，以便擴大現有市場，實現總體佔有率的提升。由於市場佔有率的基數是固定的，因此，一旦市場擴大，企業仍可從中獲益。

公司可從組成市場總容量的兩個因素，作為整體佔有率提升的著眼點：

市場總容量=品牌使用者數量×每個用戶的使用率

公司可通過單用者數量的增加與用戶使用率提高的方式擴大整體市場，從而使表面上已經成熟的市場獲得銷售復興。行銷人員應該系統地考慮市場、產品和行銷組合，來制訂和改進總體佔有率提升的策略。總體市場擴張的策略如下：

1. 轉變非用戶

每一類產品都有吸引購買者的潛力，現有市場上的非用戶可能是因為尚不知曉該項產品，或因其價格不當，或缺乏某種特性而拒絕購買。此時企業應通過加強廣告宣傳，改進產品與服務，調整價格等，就可以把這部份非用戶轉化為新用戶，從而擴大市場的總體需求。

2. 發現產品的新用途

市場可以通過發現和推廣產品的新用途而擴大。例如，美國人每星期平均有三個早晨吃早餐麥片。如果麥片製造廠商說服人們在一天的其他時間吃麥片，便可獲利。因此，某些麥片商提倡把麥片作為速食，以增加它們的使用頻率。

杜邦公司的尼龍產品提供了一個新用途擴大市場的典型故事。每當尼龍變成一個成熟階段的產品時，某些新用途又被發現了。尼龍最初是用為降落傘的合成纖維；然後作為婦女絲襪的纖維；再後，它作為男女襯衣的主要原料；再後，它又用於製作汽車輪胎、沙發椅套和地毯。每一種新用途都使該產品進入新的生命週期。杜邦公司為了發現新用途而不斷從事研究開發的經歷，使它聲名大震。

更多的情況是顧客們發現了新用途並作出了值得稱頌的貢獻。凡士林最初只不過用作一種簡單機器的潤滑油，但若干年後，用戶對該產品提出了許多新用途，包括用作皮膚軟膏、痊癒劑和髮臘等。

小蘇打製造廠阿哈默公司，它的產品銷售在市場上已平穩地度過了 125 年。小蘇打有許多用途，但從未對其中某一種作過廣告。後來，公司發現有些消費者把它用作冰箱除臭劑。公司便開展了一個大規模的廣告和公共宣傳活動，集中宣傳這種用途，並且取得了成功，使得美國有二分之一的家庭把裝有小蘇打的開口盒子放進了冰箱。幾年以後，阿哈默公司又發現消費者用它來消除廚房裏的油脂火種，這種用途一經促銷，也獲得了巨大的成功。

3. 刺激更多的使用量

公司有兩個辦法讓當前顧客增加他們的使用量：提高使用頻率與增加每個場合的使用量。公司可以努力使顧客更頻繁地使用該產品，並在每次使用時增加產品的用量。例如，如果一個麥片製造商說服消費者吃滿滿一碗麥片而不是半碗，總銷售量將會增加。寶潔公司勸告用戶說，海飛絲洗髮精洗頭的效果，每次用兩份比一份更佳。

法國米切林輪胎公司在刺激高使用率方面就做非常成功。米切林公司希望法國的汽車擁有者每年行駛更多的里程——這樣會導致更多的輪胎置換。它們構思出一個主意，就是以三星制系統來評價法國境內的旅館，他們報告說，許多最好的飯店是設在法國的南部，這使得許多巴黎人考慮週末驅車到法國南部去度假。米切林公司還出版了一些帶有地圖和沿線風景的導遊書，以進一步推動旅遊。

4. **總體佔有率提升實務**

(1)**市場分析**

市場分析包括用戶分析、非用戶分析、競爭者分析、企業自身分析，詳見下表：

表 3-3　市場分析表

市場分析	詳細內容
用戶分析	・用戶使用頻率 ・用戶使用量 ・用戶重覆購買頻率 ・用戶滿意度 ・用戶期望值 ・用戶收入階層及其他背景 ・用戶對現有產品性能的認知程度 ・用戶對品牌的理解等
非用戶分析	・非用戶至用戶間的障礙──價格、性能、不知曉、理解差異等。 ・非用戶購買行為特點與購買決策過程。 ・非用戶對形式競爭者產品的選擇因素──價格、性能、年齡、心理偏好等。 ・可轉化非用戶數量估算。 ・非用戶收入階層與其他背景。 ・非用戶變動趨勢。

續表

市場分析	詳細內容
競爭者分析	‧同業競爭者採取何種行動。 ‧同業競爭者行動效果。 ‧形式競爭者的優勢、劣勢？ ‧形式競爭者的行業趨勢。 ‧競爭市場的格局。 ‧主要競爭對手的市場佔有率。 ‧形式競爭者產品的特點功能、價格、通路、產品等。有產品的優缺點──價格、性能、包裝。 ‧企業技術實力。 ‧企業財務實力。 ‧企業所處行業趨勢。 ‧企業市場佔有率與市場地位。 ‧企業形象。 ‧企業的「情感佔有率」。 ‧現有通路能力。 ‧通路潛力。 ‧企業廣告費用與密度。 ‧廣告與促銷回饋效果。 ‧與媒體的關係。
企業自身分析	‧企業現有產品的優缺點(價格、性能、包裝) ‧企業的技術實力 ‧企業的財務實力 ‧企業所處的行業趨勢 ‧市場佔有率與市場地位 ‧企業形象 ‧企業的「情感佔有率」 ‧企業現有管道能力，管道潛力 ‧企業廣告費用與密度 ‧企業廣告與促銷回饋效果 ‧企業與媒體的關係

⑵**決策分析**

在對上述因素進行分析後，下一步企業要做出擴張整體市場的決策，在決策過程要注意以下幾個問題：

①總體佔有率提升的成本與收益預測。

②總體佔有率提升的空間大小。

③總體佔有率提升與大環境、有關決策、技術及行業發展趨勢是否一致。

④總體佔有率提升的可達成性。

決策的具體內容涉及到產品、價格、管道、廣告、促銷、人員推銷、服務等七個方面，見表 3-4。

⑶**實施要則**

在進行政策分析後，企業便可以確定該從什麼角度去擴張整體市場，如產品改進、價格降低、密集廣告等。在實施過程中，企業應採取一致的誘導動作，為打破消費者的行為定勢，並對大量用戶產生強大的影響力。其實施要則包括：

①改變顧客的價值觀與態度

通過各種宣傳媒介傳播符合世界消費趨勢的勸導性消費價值觀，來影響乃至改變某些消費者的價值觀。

②強化刺激

・設計漂亮的外觀。

・密集轟炸式宣傳廣告。

・給予商品足夠高的價格。

・借助社會道德、群體、準則強化對消費者的社會性刺激。

③給消費者學習的過程

・培養消費者對商標的偏好性。

- 促進消費者對商標的分類作用和區別作用。
- 增強消費者對廣告的記憶。

表 3-4　決策相關內容

內容	詳細說明	
產品	1.品質改進	(1)品質確實能否改進 (2)買方是否相信品質被改進的說法 (3)要求較高品質的用戶是否足夠多
	2.特色改進	(1)能否擴大產品的多功能性、安全性或便利性 (2)能否被迅速被採用或接受 (3)能否激發分銷商的熱情 (4)能否很容易被競爭對手模仿
	3.式樣改進	(1)是否有獨特的市場個性 (2)現有用戶是否喜歡 (3)非用戶是否喜歡
價格	1.降價能否增加顧客的使用量，能促使非用戶發生轉變 2.是否降低目錄標價 3.通過何種方法降價(特價、數量或先購者的折扣、免費運輸等) 4.提高價格的方法有利否	
管道	1.能否在現有管道上獲得更多的產品支援和陳列 2.能否進入更多的銷售網站 3.產品能否進入某些新的分銷管道	
廣告	1.廣告費用增加的幅度能有多大 2.廣告「文案」如何修改從而影響顧客價值觀 3.媒體組合如何改進 4.宣傳的時間、頻率或規模應該變動否	
促銷	1.何種形式(暫時降價、打折、贈品、競賽) 2.何時(中秋節、國慶日、週末、平時) 3.何地(購物中心、商場、超市、專賣店、零售店、廣場)	
人員推銷	1.銷售人員的數量和品質應該增加或提高否 2.銷售隊伍專業化的基礎應該變更否 3.銷售區域是否應該重新劃分 4.對銷售隊伍的獎勵方法是否應該修改 5.銷售訪問計劃需要改進否	
服務	1.能否加快交貨工作 2.能否擴大對顧客的技術支援 3.能否提供更多的信貸	

第四章

潛在市場佔有率的進攻方法
——進攻策略的選擇與方法

潛在市場即本品牌未進入、視若無睹的消費需求。在滿足水準低的潛在市場中，通常存在著極好的市場機會，不僅銷售潛力大，競爭者也較少。抓住市場機會，就能迅速取得市場優勢地位，提升市場佔有率。

一、潛在市場的區分與企業自我定位

（一）區分潛在市場

兩家製鞋廠各派推銷員到中美洲一小國考察市場。兩位推銷員發現當地人全都打著赤腳。一家公司的推銷員隨即電告公司：本地人都不穿鞋，此地無市場。於是打道回府了。

而另一家公司的推銷員則電告公司：本地人都未穿鞋，此地市場前景極大。他立即著手鞋的行銷推廣工作，結果數年以後果然改變了當地人不穿鞋的習慣。

兩份電報，一個是「不」，一個是「未」，結果卻迥然而異，這實際上是由區分潛在市場的思路和方法不同所致。換而言之，這是對新市場的樂觀與悲觀、戰略構想能力的差別化結果。

所謂潛在市場就是常人見所未見的消費需求。區分潛在市場，需要選好兩個極其重要的步驟：市場細分與選擇目標市場。

1.市場細分

市場細分是企業發現潛在市場的必要前提。通過科學合理地細分市場，企業可以掌握以下資訊：

⑴各個消費者群的需求滿足程度和市場上的競爭狀況。

⑵那類消費需求已滿足，那類滿足不夠，那類尚無適銷產品去滿足。

⑶那些市場競爭激烈，那些較少競爭，那些尚待開發。

好的市場機會往往存在於水準低的潛在市場中，這種市場不僅銷售潛力大，競爭者也較少。企業若能很好地把握這樣的市場機會，結合企業的資源狀況，從中形成並確立適宜於自身發展的目標市場，就能迅速取得市場優勢地位，提升市場佔有率。

細分市場的方法有多種，「麥卡錫」細分方法的七個具體步驟如下：

⑴選定產品市場範圍。企業確定細分市場的基礎以後，必須確定進入什麼行業，生產什麼產品。產品市場應當以顧客的需求，而不是產品本身特性來確定。

⑵列出企業所選定的產品市場範圍內所有潛在顧客的所有需求。這些需求多半是人口、經濟、地理等因素的特徵。

⑶企業將所列出的各種需求交由各種不同類型的顧客，讓顧

客挑選他們最近迫切的需求，然後集中起來選出二三個作為市場細分的標準。

⑷檢驗每一細分市場的需求，摒棄各細分市場中的共同需求。儘管它們是細分市場重要的共同標準，但可省略，而尋求具有特性的需求作為細分標準。

⑸進一步分析每一個細分市場的不同需求與購買行為及其原因，並瞭解影響細分市場的新因素，以不斷適應市場變化。

⑹決定市場細分的大小及市場群體的潛力，從中選擇使企業獲得有利機會的目標市場。

⑺根據不同消費者的特徵劃分相應的市場群體，並賦予一定的名稱，從名稱上可聯想到該市場消費者的特徵。

為了便於使用，將市場細分的主要變數列成下表。

表 4-1　消費者市場的主要細分變數

變數	典型分類
1. 地理變數	
地區	亞洲東北部；東南亞；西亞等
城市規模	10,000 人以下；10,000 人～19,999 人；20,000 人～49,999 人；50,000 人～99,999 人；100,000 人～249,999 人；250,000 人～499,999 人；500,000 人～999,999 人；1,000,000 人～3,999,999 人；4,000,000 以上
密度	城市，郊區和農村
氣候	熱帶，亞熱帶，溫帶
2. 人口變數	
年齡	6 歲以下，6 歲～11 歲，12 歲～20 歲，21 歲～30 歲，31 歲 40 歲，41 歲～50 歲，51 歲～60 歲，6 歲以上
性別	男，女
家庭規模	1 人～2 人，3 人～4 人，5 人～7 人，8 人或更多

續表

家庭類型	中等家庭；小型擴展家庭；大型擴展家庭
家庭生命週期	青年，單身；青年，已婚，無子女；青年，已婚，有 6 歲以下的子女；青年，已婚，子女在 6 歲以上；老年，單身；老年，已婚，無子女；老年，已婚，子女均在 18 歲以上等
家庭月收入	10000 元以下；10001 元～2,5000 元；25001 元～40000 元；40001 元～55000 元；55001 元～70000 元；79001 元～100000 元；100000 元以上
職業	專業技術人員，經理、官員和業主，職員，售貨員，農業人員，學生，家庭主婦，服務人員，退休者，失業者
教育	小學以上，中學，專科學校，大學本科，研究生
宗教	佛教，天主教，印度教，穆斯林教，耶穌教，道教，其他，不信教
種族	菲律賓人，印度人，日本人，馬來人，泰國人，其他
國籍	印度，印尼，日本，馬來西亞，菲律賓，新加坡，泰國等
3. 心理變數	
社會階層	下層，中層，上層
生活方式	變化型，參與型，自由型，穩定型
個性	衝動型，進攻型，交際型，權力主義型，自負型
4. 行為變數	
時機	一般時機，特殊時機
追求的利益	便利，經濟，易於購買
使用者的地位	未曾使用者，曾經使用者，潛在使用者，首次使用者，經常使用者
使用率	不使用，少量使用者，中量使用者，大量使用者
忠誠度	無，中等，強烈，絕對
準備階段	不瞭解，瞭解，熟知，感興趣，想買，打算購買
對產品的態度	熱情，肯定，不關心，否定，敵視

2. **選擇目標市場**

企業在做市場細分的時候，可以發現一些良好的市場行銷機會。這時，企業就要考慮本企業要進入那一個市場部份，選擇那一部份消費者和那種需要去經營，也就是選擇目標市場。

企業必須對目標市場做出評價和預測，才能判斷是否值得去開拓，以及採取什麼策略和方法去佔領。具體來說，企業可依據下列標準來選擇目標市場：

⑴**市場潛力**

企業選擇目標市場的首要條件是，該市場不僅存在未滿足的空間，而且要有一定的發展潛力。市場有發展潛力，企業才能在滿足消費者潛在和未來的需求中得到長期發展。市場潛力的測定，可從該細分市場近年銷售額遞增比率、當年銷售額和次年預計銷售額入手，分析該市場的需求狀況和需求變化趨勢。

⑵**市場容量與效益**

選擇目標市場的重要條件之一是，該市場有一定的購買力，能取得一定的銷售額和利潤。因為市場上僅存在未滿足的需求，並不能說明一定有購買力及足夠的銷售額。如果沒有購買力或購買力很低，就形成不了現實的市場，企業得不到一定的利潤，就沒有必要進入該細分市場。

⑶**競爭狀況**

一個好的目標市場，不僅存在未滿足的需要，有一定購買力的市場規模，而且在市場競爭方面具有競爭對手少、競爭者沒有完全控制市場、以及企業具有競爭優勢等特點。如果市場上競爭對手多，競爭激烈，競爭者已完全控制了市場，企業選擇這種目標市場就毫無價值。

⑷**開拓能力**

選擇目標市場必備的客觀條件是，本企業是否具有開拓該市場的能力。這種能力主要是指企業的人力、物力、財力以及經營管理水準。目標市場的選擇要與企業的綜合實力相適應，只有企業實力能達到細分市場的要求，才能成為企業現實的目標市場。

⑸**市場狀態**

如果要進入的市場處於不平衡狀態，對企業的進入常常是有利的。如聯想電腦公司成功的主要原因就是，搶先在遠未發育成熟的市場中開拓出一個新的領域。如果市場處於均衡狀態，企業的進入就要考慮壁壘的高低。如果克服壁壘的成本很高，達不到預期利潤，則不宜進入。

⑹**競爭性報復行為**

如果新進入的市場內，現有企業競爭性報復行為是緩度或無效的，則可以進入。反之則不宜進入。如許多進入 VCD 生產行列的企業，因經受不住競爭性價格的打擊，不得不以低於成本的價格銷售，陷入虧損的困境。

⑺**進入成本**

如果企業擁有專利技術、長期形成的銷售管道、公認的可能轉換商標，則與其他潛在進入者相比，其在進入成本會大大降低。

⑻**影響市場結構的能力**

如果企業具有與眾不同的能力去影響市場結構，則可以大膽進入。如希望集團以其開發的先進技術進入飼料行業，極大改觀了正大集團在此領域獨佔鰲頭，而國內企業極為分散、毫無競爭能力的市場結構。

⑼對現有市場的影響

如果企業要進入的市場對現有市場有積極的影響，則應毫不猶豫地進入，使之產生聯動效應。

二、找出機會點

⑴找出可行的競爭優勢

真正的定位開始於公司真正將其行銷方式差異化，以便使消費者獲得更多相對於競爭者的產品價值。具體的差異化因素如下：

①產品差異

公司可提供其他競爭者所沒有的標準化或備選的特色。如富豪汽車公司提供更新更好的安全特色；德爾塔航空公司提供免費機上電話。

②服務差異

通過差異化的多種服務，公司可找到許多其他方式來增加產品價值，從與競爭者的差異中獲取利潤。

③員工差異

僱佣並培訓比競爭者素質更佳的員工也是獲得競爭優勢的方法。

④形象差異

即使其他競爭因素都相同，但由於公司或品牌形象不同，購買者也會做出不同的反應。品牌可以形成不同的個性，供消費者識別。

⑵選擇正確的競爭優勢

企業在發現競爭優勢後，下一步就要選出正確的優勢以建立定位策略。

①該促銷有幾個重點？

許多行銷人員認為僅促銷一種產品利益即可，每一種品牌只用一種屬性並且視為頭號屬性；有些公司則採用多種產品差異作為定位。無論採用多少重點，總之要視目標市場的特點而定。

②該促銷有那些差異？

並非所有品牌差異都具有意義和價值。因為每種差別都有可能給公司帶來價值，為消費者創造利益，所以須小心選擇不同於競爭者的差異方式。若可滿足下列標準就值得建立差異：

重要性：該不同點會帶給顧客高價值的利益。

獨特性：其他公司無法提供相似差別，或者公司提供的差別與眾不同。

優越性：能以更優越的方式提供消費者類似的利益。

溝通性：購買者能瞭解到、看到這種差異。

獨佔性：競爭者無法輕易模仿。

可負擔性：購買者有能力支付這種差別。

盈利性：公司標出該差異有利可圖。

表 4-2 列出了評估具有潛力的競爭優勢並選擇最佳的一種系統方法。

在該表中，公司以四種屬性──技術、成本、品質和服務──與主要競爭者相比較。假設兩家公司的技術均為 8 分(1 為低分，10 為高分)，則均屬技術優良，接著問題在於是否進一步開發新技術，特別是費用昂貴的技術，從中獲取更多競爭優勢。競爭者的成本地位較好(競爭者 8 分，公司 6 分)，若市場偏向價格敏感，這家公司肯定會受到損害。然而公司有優於競爭者的品質(公司 8

分，競爭者 6 分）。在服務上，兩家均為低分。

表 4-2　找出競爭優勢

競爭優勢	公司地位（1-10）	競爭者地位（1-10）	改善地位的重要性（高-中-低）	可負擔性及速度（高-中-低）	競爭者改善地位的可能性（高-中-低）	建議行動
技術	8	8	低	低	中	不動
成本	6	8	高	中	中	再觀察
品質	8	6	低	低	高	再觀察
服務	4	3	高	高	低	投資

從表面來看，公司應該從成本和服務著手，改善相對於競爭者的市場吸引力。但是公司仍需考慮其他因素。首先，改善每一屬性對目標顧客的重要性如何？表 4-2 的第四列顯示成本與服務對顧客具有高度重要性。最後，公司是否負擔得起改善的費用？如果能，多快的時間能完成？第五列表示公司能迅速地改善服務。如果公司決定後，競爭者是否也可能改善服務？第六列顯示競爭者改善服務的能力低，這或許是因為競爭者不重視服務或礙於資金有限。最後一列表示對每一項屬性所應採取適當的步驟。改善服務對該公司來說最具意義，也最重要，因為公司負擔得起改善服務的費用並可很快辦到；而且競爭者可能因此而無法迎頭趕上。

2. 溝通及傳達選好的定位

一旦選好定位，就須採取有力的措施將理想定位傳達給目標顧客，並且公司行銷組合的努力須能完全支持其定位策略。

定位要的是具體行動，而不是紙上談兵。若決定選擇較佔優勢的品質和服務作為定位，第一步要做的就是傳達定位，然後設計由產品、價格、分銷、促銷手法組成的行銷組合，重要的是要包括定位策略的戰略細節。於是，以高品質作為定位的公司，須生產高品質產品，標價昂貴，並且讓一流的代理商來經銷和使用最好的傳播媒體來廣告。除此之外，公司仍需僱用並培訓更多的服務人員，尋求信譽良好的代理商以服務顧客，擬訂以其優越服務為內容的廣告和推銷詞。

以上這些是建立持久和值得信賴的高品質、高服務定位的唯一方法。

擬訂良好的定位策略容易，但付諸實行還是有很大的難度，建立或改變一種定位也相當費時間。反之，花了好幾年建立的定位可能很快就崩潰。一旦建立理想的定位，公司必須通過一致的表現與溝通來維持此定位。定位必須經常加以監測以隨時適應消費者需求和競爭者策略的改變，然而，公司應該竭力避免突然改變定位以免擾亂消費者的印象；相反，在經常變化的行銷環境裏，產品的定位應當逐漸地加以演化修正。

市場細分、市場選擇、與市場定位是針對目標市場行銷的三個主要步驟，其關係如圖 4-1 所示。

圖 4-1　市場細分、選擇目標市場及市場定位的步驟

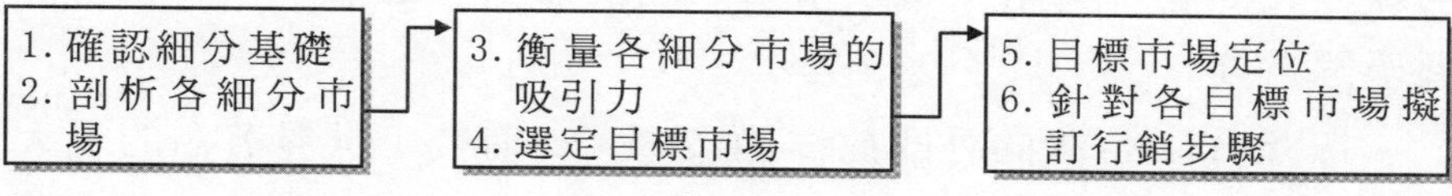

三、進入潛在市場的策略選擇

1. 造勢進入

所謂造勢即是善於活用有利的內部資源和外界系統，或有利的競爭因素，如平地驚雷般先發制人，促使時機與態勢提早來臨，從而使競爭品牌措手不及，甚至毫無招架之力，以至不得不將巨大的潛在市場拱手相送。

以色列的六日戰爭，即利用閃電的 3S 戰術（奇襲、迅速、優勢）在數日之間擊潰敵人，令舉世為之嘩然，此謂造勢。

藉以造勢的工具有多種，如企業形象、產品特色、生產成本等內有資源，也可以使用廣告、促銷、公關、價格、通路、媒體等外在系統。

造勢者在進入市場前必須考慮以下問題：

- 所造之「勢」對潛在市場的影響力大小。
- 造勢工具的整合。
- 競爭者可能的反擊或追隨。

2. 攻勢進入

攻勢策略是指當市場整體趨勢向前邁進時，適時利用競爭優勢採取正面攻擊戰略，斬獲市場，連創佳績。這其中，時機的掌握至關重要。

1986 年，台灣向外開放洋酒市場。一時間，世界著名的五大洋酒品牌與數不清的小品牌紛紛叩關，直搗台灣市場。頓時台灣市場酒霧彌漫，好不熱鬧。

美國的菲力浦·莫里斯公司挾其雄厚的財力與優勢的通路資

源，先經一陣造勢後，以雷霆萬鈞的攻勢，在行銷整體戰略運作之下，除了運用公關手段促使媒體刊登對其有利的新聞報導外，在零售點也大量張貼海報、貼紙、置放陳列架，以攻擊性做法率先佔有通路據點，激發消費者的潛在購買動機。這種如秋風掃落葉般的攻勢，使其一舉攻下台灣洋酒市場第一盟主的寶座，這一連串列銷活動就是攻勢的做法。

企業選擇採用攻勢策略必須具有雄厚的實力。要有能力組織二次進攻並始終保持優勢，否則一旦對手得到喘息，其強烈的反擊會使企業陷入「再而衰，三而竭」的尷尬局面。兩屆標王秦池酒廠的遭遇就是一個很好的例子。

3. **強勢進入**

強勢策略是指可供強勢企業或品牌運用的市場進入策略。強勢品牌的強點，在於運用優越的資源，包括市場佔有率高、企業規模大、產品知名度高、行銷人才濟濟等長處實施總體攻勢，從而一舉攻克市場。具體來說，可供選擇的強勢戰術包括：

- 整體銷售作戰
- 直接挾擊作戰
- 採取間接的通路作戰
- 正面攻擊
- 分散敵人的誘導作戰

強勢進入方式，由於成功運用組織力量與資源而產生相乘效果。因此，在銷售上強調發揮組織化、標準化、制度化的總體銷售效果，而非個人單兵作戰。

自從在法國生產並銷售小型轎車後，日本豐田汽車公司曾對西歐汽車業造成前所未有的震撼。素有「銷售的豐田」美譽的豐田汽車公司在巴黎至朗斯的路旁及許多小城的街道，都設有其白底紅線建築的銷售據點，突出而明顯的 CIS 設計，處處表現出行銷上的強勢風格。豐田的一款新車必須在訂貨四個月後才能取車，這也許就是強勢進入策略所創造的令人吃驚的氣勢吧。

4. **弱勢進入**

弱勢策略是指弱勢品牌與企業永遠有其生存與發展的權利，也就是說市場上永遠存在空隙與機會。因此，弱勢品牌應當集中火力在優勢資源上，施展自己的特性及魅力，極力爭取某一特定市場空間。其可運用的戰術有：

• 地區或局部作戰
• 集中攻擊特定目標市場
• 一對一作戰
• 徹底實施一點集中作戰
• 側翼攻擊，避免正面作戰

弱勢企業要在強敵環境下尋找市場空隙。因此，應當集中運用僅有的資源，發揮在某一點、某一區域、某一客層或某一市場上面。集中行銷力量，就是發揮最有利的資源調配。

弱勢品牌的行銷戰略，應該從區域、商圈、零售點切入，而非從商品著手。應選擇強勢品牌忽略的市場或銷售較弱的地區，努力做好區域管理或小市場經營，如此由點連成線，再由線圈成面，一個面完成後，再逐步利用各種推廣戰略，逐步成為區域強勢或蠶食其他品牌的市場，這叫做三角攻擊法。

味全奶粉是一個成功的典型案例。50 年代，台灣嬰兒奶粉市場還是外來品牌的天下，那時的味全是弱勢品牌，根本無法與外國品牌正面競爭。處於如此弱勢環境下，味全毅然從地區市場切入，選擇彰化縣的員林鎮下手，集中火力在婦產科、小兒科、食品店上，發揮一點集中之力量，努力培養客情。

當攻下員林後，再以同樣方式攻下田中、溪湖，三點剛好形成三角形位置，二點連成線，三線成一面。之後又攻下和美、豢化市等據點，如法炮製以點攻掠方式，建立起市場的區域基礎。

而地狹人少的新加坡，在資源的擁有上雖屬弱勢，但該國因為瞭解本身弱點，所以採用最佳的資源調配，發揮集中效果，全力發展觀光、金融、電腦軟體、煉油產業而卓有成效。

5. 順勢進入

當某種產品或品牌受到消費者的普遍歡迎時，表示此項產品或品牌有較大的潛在市場需求。此時，企業應順應這種發展趨勢，適時調配既有資源，從而順利打開市場。如此，順勢即為借勢。借勢而為的企業往往只需極低的成本即可獲得較高的市場佔有率，這也是企業進入新市場最有效的辦法。但在順勢時，如果資源調配不當(如品質太差、服務不好或價格昂貴)則常常會引起消費者的抱怨或反應，從而使企業失勢。

6. 逆勢進入

反其道而行者謂之逆勢。獨排眾議者，雖然一時孤獨，卻因為獨具眼光而扭轉局勢，反敗為勝。

例如：行銷人員對於通路之開拓，傳統的方式都是由上往下逐步拓展，即批發商→中間商→零售店。不過，最新的通路開發方式，卻反其道而行，亦即在設定新的通路之際，事先做縝密的調查，明確界定目標顧客，再選擇目標顧客最合適的零售商→中間商→批發商逐級而上，如此即能掌握整個市場的實況。

但有時也可能因逆勢而行不通，如大家相信「輕、薄、短、小」的消費需求與市場流行時，你卻拼命製作「重、厚、長、大」的產品。除非奇蹟出現，否則難以生存。但有時亦有兩極化的現象，代表兩種極端趨勢並行，電視尺寸可以小到四寸，但也可以大到四、五十寸或一百寸，這也是逆勢策略的運用。

由於逆勢策略是反傳統或者說是反經驗的，因此採用此策略也就具有一定的風險性。但逆勢並不是背勢，逆勢策略的制訂也是從勢的規律出發，所以實際上逆勢也是一種造勢。

以上即為進入潛在市場的六大行銷之勢。在市場競爭日趨激烈的今天，企業應掌握有利的互動因素，配合 TPO(時間、地點、場合)，運用本身的資源調配而發展出有效策略，形成、造就或改變某一時機之勢，以駕馭市場，成就大局。

心得欄 ------------------------------------

四、潛在市場佔有率進攻的具體方法

1. 潛在市場狀況分析

為了明確掌握整個潛在市場的規模大小及競爭對手的情勢，我們仍有必要分析以下 14 項因素：

- 潛在市場的規模(包括量與值)。
- 各競爭品牌的銷售量與銷售值的比較分析。
- 競爭品牌各營業通路別的銷售量與銷售值的比較分析。
- 各競爭品牌市場佔有率的比較分析。
- 消費者年齡性別、籍貫、職業、學歷、薪資、家庭結構之分析。
- 各競爭品牌產品優缺點的比較分析。
- 各競爭品牌市場細分與產品定位的比較分析。
- 各競爭品牌廣告費用與廣告表現的比較分析。
- 各競爭品牌促銷活動的比較分析。
- 各競爭品牌公關活動的比較分析。
- 各競爭品牌訂價策略的比較分析。
- 各競爭品牌銷售通路的比較分析。
- 公司的利潤結構分析。
- 公司過去五年的損益分析。

2. 公司的主要政策

公司的高階主管，需就公司進入潛在市場的方針與策略，與主辦人員做深入的溝通與確認，以下為雙方需研討的細節：

- 確定目標市場與產品定位。

・銷售目標是擴大市場佔有率，還是追求利潤？

・價格政策是採用低價、高價還是追隨價格？

・銷售通路是直營，還是經銷，或是兩者並行？

・廣告表現與廣告預算。

・促銷活動的重點與原則。

・公關活動的重點與原則。

3. 銷售目標

在公司主要政策決定後，公司應確定其產品在所選擇的目標市場上一定時期內必須達成的營業目標。該目標應把目標、費用以及期限全部量化。

例如：

・從 2011 年 1 月 1 日至 12 月 31 日止，在 16～22 歲青少年市場上的銷售量達 5000，000 元。

・在 22～26 歲青年市場上市場佔有率達到 54%。

・經銷費用預算 120 萬。

・推廣費用預算 40 萬。

・管理費用預算 40 萬。

・利潤目標 40 萬。

目標量化有以下優點：

・為潛在市場提升策略成敗提供依據。如：目標訂得太高或太低，各種預算太多或太少等。

・可作為評估績效的標準與獎懲的依據。

・可作為擬訂下一目標的基礎。

4. 潛在市場的推廣活動

推廣活動的目的，就是要協助達成銷售目標。整個推廣活動包括目標、策略與細部計劃三大部份。

⑴**目標**

經營者必須明確地制訂，為了協助達成整個策略方案的銷售目標，所希望達到的推廣活動的目標。

例如，為了達成本年度利潤 40 萬元，市場佔有率 54%的銷售目標，在一年之內必須：

・在公關活動方面，大眾對公司的良好印象提升至 60%。

・一年之內品牌的知名度在目標市場中達到 80%。

⑵**策略**

決定推廣活動的目標之後，接下來就要制訂達成該目標的策略。推廣活動的策略包括了廣告表現策略、媒體運用策略、促銷活動策略、公關活動策略等四大項。

①廣告表現策略

廣告表現策略即是針對產品定位與目標消費群，決定廣告的表現主題。廣告主題須依其特定的目的來決定。以前例來說，那麼該廣告表現的主題須提高品牌知名度。

②媒體運用策略

媒體的種類很多，包括報紙、雜誌、電視、收音機、傳單、戶外廣告等，行銷人員必須決定以下問題。

・要選擇何種媒體？

・各佔多大比率

・廣告的到達率有多少

③促銷活動策略

該策略包括：

・促銷的對象。

・促銷活動的種種方式

・採取的核心促銷活動是什麼？

・輔助活動是什麼？

・希望達成的效果是什麼？

④公關活動策略

該項策略包括：

・公關活動的種種方式。

・公關的對象

・舉辦各種公關活動，所希望達成的目的是什麼？

⑤通路策略

該項策略需從三方面因素考慮確定對通路選擇與調整，如圖。

圖 4-2　通路選擇與調整

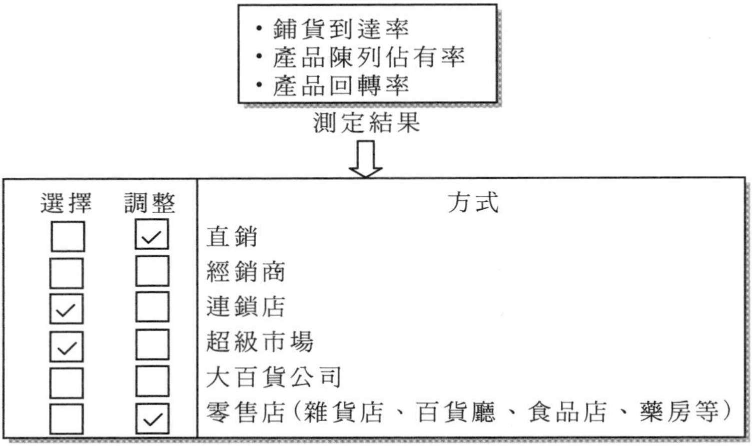

・鋪貨到達率
・產品陳列佔有率
・產品回轉率

測定結果

⇩

選擇	調整	方式
□	☑	直銷
□	□	經銷商
☑	□	連鎖店
☑	□	超級市場
□	□	大百貨公司
□	☑	零售店（雜貨店、百貨廳、食品店、藥房等）

⑶**細部計劃**

詳細說明達成每天的策略所採取的細節：

①廣告表現計劃

・報紙與雜誌廣告稿的設計(標題、文案、圖案)

・電視廣告的 CF 腳本。

・收音機的廣播稿等。

②媒體運用計劃

a.報紙與雜誌廣告。

・選擇大眾化還是專業化的報紙與雜誌。

・刊登日期與期間長短。

・版面大小。

b.電視與收音機廣告。

・節目頻段。

・節目時段。

・密度。

・測定總收聽率與廣告訊息。

③促銷活動計劃

該項計劃需從以下項目中選擇一項或幾項結合推廣目標予以整合：

・POP(Point of Purchase Display 購買點陳列)。

・展覽。

・示範。

・贈獎。

・抽獎。

・贈送樣品。

・試吃會。

・折扣戰。

④公關活動計劃

該計劃包括以下內容：

- 股東會的安排。
- 公司消息稿的發佈。
- 編印公司內部刊物。
- 舉辦員工聯誼會。
- 愛心活動(希望工程、賑濟災區等)。
- 與傳播媒體的聯繫。
- 加強社會關係的活動。
- 設立顧客投訴機構。

⑤通路活動計劃

- 安排經銷商參觀工廠，使其瞭解公司生產的程度、產量、品質、員工素質等，從而對企業產生信心。
- 與經銷商合作處理投訴問題。
- 舉辦銷售技巧訓練。
- 讓經銷商瞭解公司的行銷與廣告活動，以便相互配合、拓展市場。
- 訂立獎勵辦法，鼓勵優良經銷商長期合作。

5. **銷售管理**

銷售管理主要包括以下內容：

⑴確定主管銷售的人員。

⑵擬訂銷售計劃，該計劃需協助達成銷售目標。

⑶推銷員的甄選與訓練，應從知識、態度、技巧與習慣四方面進行。

知識：包括基本知識，商品知識及實務知識

態度：包括對公司的態度、對產品的態度、對顧客的態度，

對推銷的態度、對自己的態度、對未來的態度

技巧：包括開拓潛在客戶的方法，訪問前的準備工作，約見客戶的技巧，商談說明的技巧，促成銷售的技巧，實演證明的技巧，處理拒絕的技巧，處理客戶投訴的技巧，售後調查與收款的技巧等。

習慣：包括訂立目標、工作計劃、時間管理、訪問記錄表、自我訓練等。

⑷激勵推銷員應從實物與精神兩方面同時著手。

・推銷員的薪酬制度

・薪資與獎金的確定和比例。

6. **績效預估**

⑴**損益評估**

任何行銷方案最終的目標在於追求利潤，而損益預估就是要在事前預估該產品的稅前收益(即利潤)。其計算公式如下：

該產品在目標市場內的預估：

銷售總值(預估銷售量×單價)－銷貨成本－行銷費用(經銷費用＋管理費用)－推廣費用＝稅前收益

⑵**績效評估**

①核對行銷方案的目標與成果，寫出績效評估報告。

②詳細分析行銷方案失敗與成功之處，並檢討其原因。

③以該評估報告為參考，擬訂並修正下一期行銷方案。整個潛在市場的提升實務流程如圖 4-3 所示：

圖 4-3　潛在市場提升的具體流程

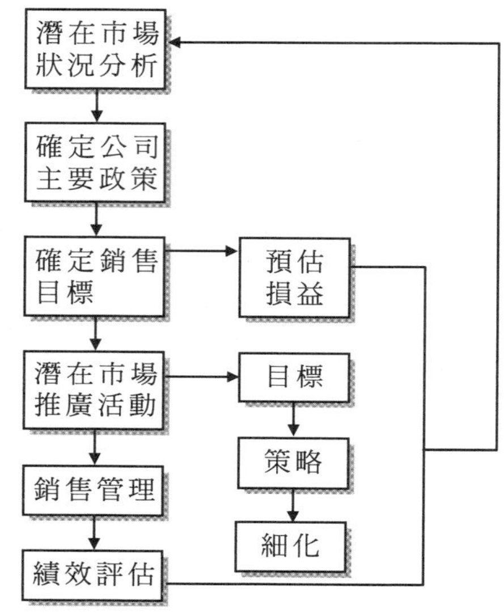

心得欄

第五章

市場競爭核心力的檢核表

——5R-RMBPSC 檢查表

本章通過表格的檢查表簡單實用的形式，一目了然，簡單易懂。

說明如何通過提升銷售核心競爭力，來提升市場佔有率，從而提高企業實績。

表 5-1　5R-RMBPSC 檢查表

要素		評價內容	評價結果				備註
			很好	較好	一般	需要提升	
資源支持	財務資源	1.組織內部是否有足夠的財務資源以確保目標實現，包括：					
		(1)貨幣資金或有價證券					
		(2)產品或原材料					
		(3)廠房、設備等基礎設施					
		(4)資本化的無形資產					

續表

要素		評價內容	評價結果				備註
			很好	較好	一般	需要提升	
資源支持	財務資源	2.組織是否有合理的財務結構，表現在：					
		(1)財務結構					
		負債佔資產比率					
		長期資金佔固定資產比率					
		流動比率					
		速動比率					
		利息保障倍數					
		潛在負債比例					
		(2)經營能力					
		應收款項週轉率					
		應收款項收現日數					
		存貨週轉率					
		平均售貨日數					
		固定資產週轉率					
		總資產週轉率					
		(3)獲利能力					
		資產報酬率					
		股東權益報酬率					
		營業毛利佔實收資本比率					
		稅前純利潤佔實收資本比率					
		純利潤率					
		每股盈餘					
		(4)現金流量					
		現金流量比率					
		現金再投資比率					

續表

要素		評價內容	評價結果：很好	評價結果：較好	評價結果：一般	評價結果：需要提升	備註
資源支持	財務資源	3.組織是否有穩定的資金來源確保持續經營，表現在：					
		(1)來自產品銷售收入的利潤					
		(2)來自企業資產經營收入的利潤					
		(3)來自實業投資的收入					
		(4)來自證券投資的收入					
		(5)來自政府補貼或其他組織贈與的收入					
		4.組織是否有比較寬的融資管道？表現在：					
		(1)來自股市的資金					
		(2)來自金融機構的貸款					
		(3)來自政府政策的支持					
		(4)來自風險投資資金					
		(5)來自股東的投資					
		(6)來自合作者的支持					
		(7)來自客戶的支援					
		(8)來自供應商的支持					
		(9)來自內部員工的支持					
		(10)來自內部管道的支持					
	人力資源	1.組織內是否有足夠的人力資源，包括：					
		(1)高級管理（包括高級技術管理）人員					
		(2)中層管理（包括中層技術管理）人員					
		(3)工人（包括技術工人）					
		2.組織是否建立了廣泛的人力資源獲得管道，包括：					
		(1)人才市場					
		(2)獵頭機構					
		(3)教育機構					
		(4)組織之間合作交流					

續表

要素		評價內容	評價結果				備註
			很好	較好	一般	需要提升	
資源支持	人力資源	(5)外部及內部人才庫					
		(6)外部引進或內部發現、提升					
		3.組織內人員素質是否符合要求，包括：					
		(1)崗位專業技能					
		(2)工作責任心					
		(3)組織忠誠度					
		(4)敬業精神					
		(5)人力成本					
		(6)工作強度					
		(7)創造力					
		(8)行為規範					
		(9)員工滿意度					
		(10)工作效率					
	資訊資源	1.是否有足夠的外部資訊來源，包括：					
		(1)國際組織有關法規、標準					
		(2)政府的相關法律、法規及標準					
		(3)監管部門的有關政策及規定。					
		(4)資本市場的有關資訊					
		(5)股東及債權人的有關權益要求					
		(6)銀行及投資機構的有關金融資訊					
		(7)仲介組織（如法律、會計、證券）的有關客觀評價及資訊					
		(8)專業顧問提供的諮詢					
		(9)工會組織有關工人權益保障的要求					
		(10)供應商有關的供應資訊					
		(11)行業協會有關的行業資訊					
		(12)競爭對手的有關情報					
		(13)顧客（經銷商及用戶）的需求及回饋					
		(14)公眾媒體的相關報導					
		(15)其他管道的有關資訊等					

續表

要素		評價內容	評價結果				備註
			很好	較好	一般	需要提升	
資源支持	資訊資源	2.組織是否有完整的內部資訊系統，包括：					
		(1)資源使用的客觀完整的記錄					
		(2)工作過程的客觀記錄					
		(3)成員的需求狀況					
		(4)內部通信及溝通設施					
		(5)資訊資源管理的硬體與軟體					
		3.資源的品質是否符合組織的品質要求，包括：					
		(1)及時準確					
		(2)客觀公正					
		(3)針對組織需求					
		(4)獲得成本合理					
		(5)能有效應用					
	外部資源	組織是否有許多可利用或能避免影響組織效益的外部資源，表現在：					
		(1)自然資源，如能源、氣候、災害等					
		(2)社會資源，如基礎設施、各類資源供應商、公共關係等					
管理	管治	1.組織是否有一個安全與高效的管理中心，表現在：					
		(1)決策是否科學					
		(2)執行是否高效率					
		(3)監督是否有效					
		2.是否有一個高效的組織機構，包括：					
		(1)明確的組織結構					
		(2)明確的權責分配					
		(3)明確的崗位工作標準					

續表

要素		評價內容	評價結果				備註
			很好	較好	一般	需要提升	
管理	績效	1.組織是否對過程進行績效管理，包括：					
		(1)組織成員一致明確組織方針					
		(2)組織成員有共同的組織目標並落實到具體成員					
		(3)對組織成員有目標激勵約束					
		2.組織是否對過程進行有效的績效管理，包括：					
		(1)嚴格的流程控制，確保績效的客觀記錄					
		(2)合理的目標與約束機制					
		(3)持續不斷地提升績效					
	資源	1.對財務資源是否進行有效管理，表現：					
		(1)應收款項週轉率					
		(2)應收款項收現日數					
		(3)存貨週轉率					
		(4)平均售貨日數					
		(5)固定資產週轉率					
		(6)總資產週轉率					
		(7)資產報酬率					
		(8)股東權益報酬率					
		2.對人力資源是否有效進行管理，表現：					
		(1)人均生產總產值					
		(2)人均利潤					
		(3)人員流動率					
		(4)創造力發揮，如提案數量及成功案例					
		(5)員工滿意度					
		(6)員工忠誠度					
		(7)員工的工作效率					
		(8)員工的價值認同度					
		(9)員工參與性					
		(10)員工敬業精神					

續表

要素		評價內容	評價結果				備註
			很好	較好	一般	需要提升	
管理	資源	3.對資訊資源是否有效進行管理，表現：					
		⑴快速準確獲得情報的能力					
		⑵對情報的分析識別能力					
		⑶對情報的記錄、保管、歸類等管理					
		⑷對情報的統計分析能力					
		4.對外部的資源是否有效進行管理，表現在：					
		⑴瞭解外部資源狀況及其規律					
		⑵建立廣泛的合作關係					
		⑶能識別外部危害並尋求對策					
		⑷能有效利用或避免災害					
	規則	1.組織是否瞭解和掌握與組織相關的法律法規，包括：					
		⑴國際法律					
		⑵國內法律					
		⑶地方法規					
		⑷行業管理條例					
		2.組織是否建立了適合於自己的管理體系，包括：					
		⑴組織方針與目標					
		⑵組織章程或指南					
		⑶管理程序					
		⑷作業標準					
		3.組織是否建立了適合於自己的企業文化，包括：					
		⑴共同的價值觀念					
		⑵貫徹在日常工作中的行為規範					
		⑶良好的工作氣氛					
	運行	1.組織是否建立並掌握了對過程管理的工具與方法，表現在：					
		⑴對過程的設計，如流程圖、QC控制等					

續表

要素		評價內容	評價結果				備註
			很好	較好	一般	需要提升	
管理	運行	(2)對過程執行與控制，如行動計劃、工作管制等					
		(3)對結果的客觀記錄、統計、分析並提出預防與糾正措施					
		2.組織是否按照預定的規則運行，表現：					
		(1)建立工作標準並按照標準運行，強有力地執行標準					
		(2)以制度為基準實行規範化管理，「說、寫、做」一致					
		3.組織是否在持續改善，表現在：					
		(1)提案改善率					
		(2)改善時間週期					
		(3)通過預防減少事故率					
		(4)對過程及結果不斷地分析和改善					
		(5)制度執行率					
客戶	數量	組織是否擁有比競爭對手更多的客戶，表現在：					
		(1)總經銷、總代理覆蓋率					
		(2)零售網點覆蓋率					
	質量	組織是否擁有比競爭對手更優質的客戶：					
		(1)經銷網點數量					
		(2)平均網點銷售量					
		(3)客戶商業道德、對組織的忠誠度					
		(4)為實現銷售目標而獲得廣泛資源支持					
		(5)良好的管理水準					
		(6)優質的用戶服務					
		(7)具有知名度與美譽度的品牌，包括商號					
		(8)客戶的成長與增值					
產品	品牌	組織是否積極營造一個具有競爭力的品牌。表現在：					
		(1)美譽度，消費者對品牌的信任					
		(2)知名度，消費者對品牌的認知					

續表

要素		評價內容	評價結果				備註
			很好	較好	一般	需要提升	
產品	質量	1.組織為顧客提供的產品是否有品質保障，表現在：					
		(1)客戶滿意度或投訴率					
		(2)現實與品質標準承諾的差距					
		2.組織是否為顧客提供優質的產品，表現在：					
		(1)承諾產品使用年限或其他利益（如穩定性、可靠性）					
		(2)產品使用實際效果、表現的性能					
		3.組織是否為顧客提供所需功能的產品，表現在：					
		(1)保證核心功能並賦予更加廣泛的用途					
		(2)用戶在使用這些功能的過程中受益					
		4.組織為顧客提供的產品是否符合如下附加要求，包括：					
		(1)組織是否為用戶提供符合規格標準的產品					
		(2)組織是否為用戶提供滿意的外觀款式					
		(3)組織是否為用戶提供滿意的外觀包裝					
		(4)組織是否為用戶提供備用的產品配件（料）					
		(5)組織為用戶提供的產品使用是否方便					
		(6)組織為用戶提供的產品使用是否節能					
		(7)組織為用戶提供的產品使用是否安全					
		(8)組織是否為用戶提供滿意的使用期限					
		(9)組織為顧客提供的產品是否符合標準					
	價格	是否為顧客提供滿意價格政策，表現在：					
		(1)價值與價格的比較					
		(2)價格支付方式					
		(3)價格的透明度及可比性					

續表

<table>
<tr><th colspan="2" rowspan="2">要素</th><th rowspan="2">評價內容</th><th colspan="4">評價結果</th><th rowspan="2">備註</th></tr>
<tr><th>很好</th><th>較好</th><th>一般</th><th>需要提升</th></tr>
<tr><td rowspan="22">產品</td><td rowspan="6">附加物</td><td>組織是否提供用戶滿意的附加物件及與產品不可分割的服務等附加物，表現在：</td><td></td><td></td><td></td><td></td><td></td></tr>
<tr><td>(1)附加物的價值</td><td></td><td></td><td></td><td></td><td></td></tr>
<tr><td>(2)附加物的實際效用</td><td></td><td></td><td></td><td></td><td></td></tr>
<tr><td>(3)產品服務的必要性</td><td></td><td></td><td></td><td></td><td></td></tr>
<tr><td>(4)用戶滿意度</td><td></td><td></td><td></td><td></td><td></td></tr>
<tr><td>(5)滿足成本</td><td></td><td></td><td></td><td></td><td></td></tr>
<tr><td rowspan="16">用戶服務</td><td>1.組織是否為用戶提供優質的產品售前服務，包括：</td><td></td><td></td><td></td><td></td><td></td></tr>
<tr><td>(1)產品介紹，包括功能、性能及使用等說明</td><td></td><td></td><td></td><td></td><td></td></tr>
<tr><td>(2)產品的價格、品質、服務承諾</td><td></td><td></td><td></td><td></td><td></td></tr>
<tr><td>(3)終端展示、諮詢、人員導購</td><td></td><td></td><td></td><td></td><td></td></tr>
<tr><td>2.組織是否為顧客提供優質的產品售前服務，包括：</td><td></td><td></td><td></td><td></td><td></td></tr>
<tr><td>(1)及時交貨</td><td></td><td></td><td></td><td></td><td></td></tr>
<tr><td>(2)運輸安全可靠</td><td></td><td></td><td></td><td></td><td></td></tr>
<tr><td>(3)結算準確快速</td><td></td><td></td><td></td><td></td><td></td></tr>
<tr><td>(4)指導用戶安裝</td><td></td><td></td><td></td><td></td><td></td></tr>
<tr><td>3.是否提供優質的產品售前服務，包括：</td><td></td><td></td><td></td><td></td><td></td></tr>
<tr><td>(1)不符合品質要求的退貨保證</td><td></td><td></td><td></td><td></td><td></td></tr>
<tr><td>(2)期限內的使用維護或維修</td><td></td><td></td><td></td><td></td><td></td></tr>
<tr><td>(3)定期拜訪用戶</td><td></td><td></td><td></td><td></td><td></td></tr>
<tr><td>(4)提供用戶查詢</td><td></td><td></td><td></td><td></td><td></td></tr>
<tr><td>(5)不滿投訴受理及滿意解決</td><td></td><td></td><td></td><td></td><td></td></tr>
</table>

續表

要素		評價內容	評價結果				備註
			很好	較好	一般	需要提升	
客戶服務	售前服務	是否提供優質的產品售前服務，包括：					
		⑴產品介紹包括功能、性能及使用等說明					
		⑵產品的價格、品質、服務承諾					
		⑶符合雙方利益的招商政策					
		⑷保持合理庫存以滿足客戶定單要求					
		⑸提供產品訂購服務作業標準					
		⑹產品標準等有關資料					
		⑺諮詢					
		⑻提供相關法律證明					
	售中服務	組織是否為客戶提供優質的售中服務，包括：					
		⑴及時交貨					
		⑵運輸安全可靠					
		⑶結算準確快速					
	售後服務	組織是否為客戶提供優質的售後服務，包括：					
		⑴不符合品質要求的退貨保證					
		⑵期限內的使用維護或維修的技術支援					
		⑶定期拜訪客戶					
		⑷提供客戶查詢					
		⑸不滿投訴受理及滿意解決					
		⑹廣告公關支援					
		⑺銷售業務培訓與輔導					
		⑻組織管理顧問與培訓					
		⑼網點開發與管理					
		⑽資源支持（包括人力資源、資訊資源、財務資源）					

第 六 章

提高市場佔有率的四大戰略
——價格、廣告、管道、服務

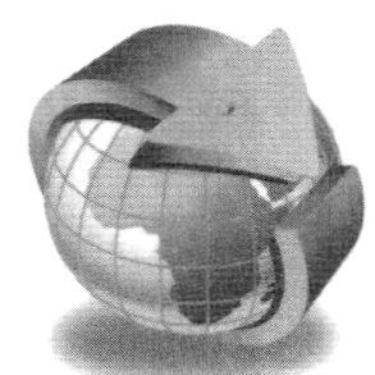

擠佔競爭對手市場佔有率是種積極的主動攻擊策略。運用這種策略，可通過攻擊競爭者掠奪更大的市場佔有率，從而在現有市場蛋糕上切得更大的一塊。其擠佔策略有：價格擠佔、廣告擠佔、管道擠佔及服務擠佔。

一、提高市場佔有率的切入點

擠佔競爭對手市場佔有率是一種積極的主動攻擊策略。運用這種策略，可以通過攻擊競爭者掠奪更大的市場佔有率，從而在現有市場蛋糕上切得更大的一塊。市場策略目標及其競爭者定位決定了市場擠佔者的角色扮演與擠佔戰略。

市場是一個蛋糕，如果你多吃一點，別人就吃得少，別人多吃一點，你就可能餓肚子。擠佔市場佔有率，是我們在銷售當中經常去做的事情，也是比較難做的事情，你在擠佔別人的佔有率，別人同時也在擠你的佔有率。針對不同的地區、不同的對手去擠佔市場佔有率，有兩個方面的問題要解決，一方面是把競爭對手進行分類，另一方面是確定用什麼樣的手段去打擊競爭對手。具體的擠佔市場佔有率的策略有：價格擠佔、廣告擠佔以及管道運作擠佔，還有服務擠佔。

（一）選擇攻擊戰略

・攻擊實力最強大、最具競爭力對手的弱點

・攻擊規模不足以鞏固其市場、而且財力不足的對手

・攻擊行銷能力與財力不足的地區性小企業

・攻擊實力最強大、最具競爭力對手的弱點

這是一個風險較大，但具有高潛在利潤的策略。可能會失敗，可能引起對手的反擊，但一旦成功，就可以得到很好的回報，甚至可能打敗最為強大的競爭對手，尤其在市場領導者並非真正意義上的領導者，尚無法完善地為市場提供服務時，此策略更富有意義與效果。運用此項策略時，必須嚴密審視消費者的需求滿足程度。如果擠佔者發現有重要的地區還未有人提供服務，或是服務不夠完善，則可視之為一個策略性的目標市場。

對手的弱點是肯定存在的，它不可能在所有的市場上都強大，我們可以發現比較優勢和市場空檔，找準弱點，一舉擠佔較大的市場佔有率。

1. **攻擊規模不足以鞏固其市場、而且財力不足的對手**

對於消費者的滿足及其潛在的需求，必須嚴密地加以審視。一旦發現其他企業在某一時期或某些市場的行銷作戰資源有限

時，應該立即採取攻擊的策略，對手有可能在區域市場開拓上投入不足，這就會產生市場空間，我們集中火力，可以擠佔到市場佔有率。

2.攻擊行銷能力與財力不足的地區性小企業

對地區性小企業的策略目標是「吞併」或「令其無法生存」，也就是讓其從競爭市場上消失。許多汽車企業與香煙企業之所以有現在的市場規模，其主要策略並非是爭奪彼此的顧客，而是利用「大魚吃小魚」的市場兼併策略。

對於行銷能力與財力不是很強的小企業，這些小企業經常以速度抗擊競爭對手的規模，如果不能扼制住他們，他們就會把水攪渾，帶來很大麻煩。不能忽視這些小企業，等它成長起來就難辦了，要在它的能力不是很強，財務不是很足的時候，徹底打敗它們。

要擠佔實力最強大的競爭對手的市場佔有率，就要知道如何去找它的弱點。

有個非常優秀的柔道教練，他培養了很多冠軍，有很多小夥子慕名而來，跟他學習柔道。有一天，一個16歲的小夥子來見他，說要拜他為師，可是這個小夥子沒有左臂，教練想了想，答應了。

教練教了小夥子一招，要他刻苦學心，小夥子很快就練得很熟了，就報告教練，說：「師傅，我可以學新的招式了。」但教練卻說，你還要刻苦練習這一招，小夥子有點不解，但他很聽話，繼續練習，將這一招練得爐火純青。教練於是讓他參加比賽，小夥子憑著這一招，從地方比賽到全國比賽，打敗了所有的對手。最後，他站到了全國總冠軍的比賽場上，對手是上一屆的冠軍，經驗豐富，小夥子在他手下吃了不少苦頭，開始膽怯起來，不敢用出那一招。教練就來到場邊對他說:「大膽用出來，沒有人能戰勝你這一招的，小夥子——一個失去左臂的少年，獲得了全國的總冠軍。

賽後，小夥子問教練:「為什麼我只用一招，就可以打敗所有的人呢？教練說:「對手要破你這一招，戰勝你，只有一個辦法，就是抓住你的左臂，但是你沒有左臂，這一招就沒有了弱點，所以你可以用這一招戰勝所有的對手。」

我們要把自己的弱勢變為優勢，反之，我們要去打最強大競爭對手的弱勢的地方，才有獲勝的希望。當然，這種打擊的風險比較高。我們在制訂方案前就要進行嚴密的市場調查，並在執行過程中從總部到區域市場互相之間把資訊交流的工作做好。

選定競爭對手與選擇策略目標相互關聯的。對競爭者最新資訊的搜集是擠佔者的制勝法寶。

（二）掌握準確的市場訊息

準確的市場訊息是採取攻擊的基礎和出發點，對於市場訊息的收集與處理，應當予以充分的重視。競爭資訊的整合與市場情報分析的系統，必須注意以下幾個問題：

- 誰是主要的競爭者？
- 每個競爭的銷售實力、市場佔有率以及財務狀況如何？
- 每一個競爭者的目標及其結果預測如何？
- 每一個競爭者的策略如何？入市策略、價格是以低價促銷，還是先鋪底後分級的策略？
- 每一個競爭者的優勢和劣勢分別如何？
- 隨著環境、市場競爭等因素的變化發展，競爭者的策略可能有何變化？

競爭情報是每一個商務代表在日常工作中都要注意收集的，在銷售報表中對競爭對手的下列情況都要注意收集：誰是主要的競爭者，每個競爭者的實力，他們每個月的銷售情況，銷信比較好的產品品種，他們的分銷商是誰，他們的財務狀況怎麼樣，競爭對手是不是鋪貨給他們，是怎樣進貨的；每一個競爭者在市場中的目標如何，結果鋪市是多少，網點建設得怎麼樣，這些方面都要瞭解。

要對競爭者的優勢與劣勢做充分的分析，任何一家企業能進入市場肯定是有優勢的，即使它的產品品質比較差，它的價格也是有競爭力的。

二、以價格為主導的擠佔策略

價格策略是市場競爭中常用的手段，在產品同質化的今天，價格是企業比拼實力的最後手段，不到萬不得已，不要使用純粹的價格戰。通常可以採用一些變相的手段：如折扣和廉價品策略。

（一）價格折扣策略

擠佔對手佔有率的一個主要攻擊策略是以低於競爭者的價格，提供產品給購買者。

例如，日本的「富士」膠捲利用此策略去擠佔「柯達」膠捲在目標市場中的卓越地位，其膠捲品質可與柯達膠捲相媲美，且其價格比柯達低一成(10%)。柯達為了維護其市場地位，沒有跟從降價，結果「富士」膠捲在歐洲的市場佔有率從21%提升到了35%。

富士雖然降價，但它的利潤總額並沒變，因為市場佔有率增加了。採取這個策略要有一個需求彈性的預測，我們的目標是出多少貨，佔多大市場佔有率，價格調整到什麼樣的界限，要保證利潤總額不會下降。使用價格折扣策略的必要前提：

⑴擠佔者必須說服購買者相信其產品與服務可與競爭者相媲美。

⑵購買者必須是對價格差異敏感的一群，而且只因為低價便樂於轉換品牌。

⑶必須是主要競爭者忽視了擠佔者的攻擊，或拒絕減價。

價格便宜，不見得消費者就會認同，關鍵是要引導他們去購買，要讓消費者相信我們的產品和服務。在價格降了之後，產品品質和服務不能隨之下降。

一部份購買者並不會由於價格降低就會改變他們對品牌的選擇，對這部份客戶也有很多方法，如不降低價格，給他們提供一定的贈品。

主要競爭者一旦發現你在打價格戰的時候，他的動作可能比你快，所以在採用價格擠佔策略的時候，要把價格跟分銷商定到位，而且是整個區域一起來執行，否則的話，有些區域慢了，在那個地方就給競爭者留下反擊的機會，影響整個擠佔策略的執行效果。

（二）廉價品策略

這是另外一種擠佔策略，即以更低的價格向市場提供一個平均的或低品質的產品。

這種策略的運用前提是：細分市場中有足夠數量的且對降價

有興趣的顧客群。但採用此策略的企業極有可能遭到提供更低價格的廉價品的企業的反擊。

運用廉價品策略，是我們覺得在一個單品當中可以把競爭對手整個打垮的策略，這個單品是我們在市場上的量比較大的情況下，用最低的價格切入，低價格對經銷商有吸引力，可以擠佔其他產品的佔有率。

為避免陷入「只問銷售，不問利潤」的「惡性價格競爭」，必須首先考慮下列因素，並做出合理分析與預測。

1.**市場佔有率的期望值；所期望的利潤的多少；**

首先要明確自己對市場佔有率的期望值，根據這樣的目標我們就要有相應的控制措施。利潤的實現也要有計劃，由於利潤率低，要跟經銷商有約定，要達到一定的銷量。

2.**客戶與競爭者的預期反應；市場的需求程度；**

同時也要看看客戶和競爭者的反應，你在研究別人，別人同時在研究你，你的反應速度要比競爭者快。

3.**競爭壓力的大小；成本的高低；**

考慮我們在這個區域競爭壓力究竟有多大，競爭對手的市場行為在多大程度上會改變市場格局，還要考慮成本是高是低，成本太高，也可以把成本讓渡，此時特別要注意集中資源。

4.**產品總定價策略的考慮；市場細分化問題；**

產品中的一些小系列不影響整盤操作，可以作為廉價品來做，對於一些主導產品卻不能盲目地調價。在市場細分時，可以對某類客戶調整價格，在細分市場中擠佔競爭對手的佔有率。

5.**促銷計劃的配合。**

廉價品本身利潤空間小，如果不能帶動其他產品銷售，經銷商很可能就賺不到錢，因此，要考慮對經銷商的激勵和對產品銷售結構進行調整。

每個階段公司都要有促銷的計劃，要把廉價產品與其他促銷方式結合起來，一起來操作。

配合因素的確保:

①銷售數量的提升；

②成本的降低；

③銷售利潤的評估；

④瞭解消費者對價格變動的良性反應。

針對競爭者和消費者的獲知方式，確定降價時機，採取一種或多種方式來改變產品價格：不同的方法產生的效果不一樣。

①直接改變產品價格，而不改變所提供的產品的品質和數量。

採用這種方式要考慮會有什麼樣的影響？客戶會抱怨經銷商，你以前給我這麼高的價格，現在卻降下來了。如果沒有合理的解釋，經銷商會對此產生不信任感。

②以較低價格提供品質較差的產品。

經銷商對廠商會發生誤解，是不是在偷工減料，是不是處理次品。

③改變產品所搭配的服務條件(時間、地點、方式、水準等)。

④降低經銷商給最終消費者的價格或提高經銷商的銷售折扣。

這時候會讓經銷商感覺到公司在佔便宜，讓他們犧牲既得利益，公司上銷量。

⑤借助累計式與非累計式數量折扣方式，達到間接改變產品價格的目的。

⑥採用彈性價格，視市場競爭情形而差別定價。

這種方式的優點是價格調整有一定的靈活性，可以根據市場情況按時調整。負面影響是可能引發竄貨，競爭對手可以用竄貨這種形式來打擊你的經銷商。

⑦改變付款手續、條件和時間，間接改變產品價格。

在策略執行過程中，應針對消費者及競爭者的反應，對方案做局部或整體的調整，從而始終保持競爭優勢。調整就是當前所用的方案效果不理想時啟動另一方案。比如，如果買一贈一的效果比較好，而產品降價效果卻不好，此時要進行權衡，調整我們的策略。

表 6-1　價格競爭的評估重點

心理備戰	①估計競爭對手是否有特定的反應模式或可能會再做何種反應。 ②在確定競爭價格前「擬妥」未來相互競爭的應變方案。 ③加強「非價格競爭」的行銷努力。比如加強廣告和服務，使降價的效應加強。
效果評估	①根據銷售情報、消費者的反應評估低價競爭的效果。首先在促銷時各個銷售點都要派人去調查，掌握當天的銷售情況，掌握競爭對手的反應。 ②分析低價競爭對本品牌、消費者及業界所造成的影響。 ③與價格改變相配合的其他促銷活動的效果評估。

三、以廣告為主導的擠佔策略

在現代市場中，廣告無處不在。對於廣告擠佔策略，不是用不用的問題，而是怎麼用的問題，這裏就有一個策略的選擇。

擠佔者可以利用增加廣告和促銷費用的支出來對競爭者加以攻擊。

例如，「黑松歐」香咖啡在臺灣市場投入比「麥氏」咖啡更多的廣告經費與促銷預算，其目的是為了在臺灣市場建立穩固的知名度和市場地位；延生護寶液和健力寶飲料龐大的廣告和促銷投入也是同樣的道理。

需要注意的是，巨額促銷費用和廣告費用的支出未必有意義或有效，除非擠佔者的產品及廣告有明顯的強於競爭者的優勢。

公司通常在廣告方面會有比較長期的策略，但是我們也可以在區域市場當中，用一些短期的廣告策略來擠佔競爭對手。

很多公司都把廣告交給專業的廣告公司來操作，包括廣告製作、廣告投放、廣告發佈，還有成本預算與效果測定。下面就廣告擠佔對手的方法進行討論。

1. **成本預算**

- 創意成本；
- 製作成本；
- 媒介安排成本；
- 總成本佔預計銷售額的比例。

2. **確定廣告目標**

- 通過廣告想獲得什麼？
- 目標顧客是誰？
- 何時把資訊傳遞給目標顧客（時間選擇和時間跨度）？我們的目標顧客是不是經過這個地方，是不是可以看到？
- 把資訊傳遞給什麼地方的顧客（地理範圍）？
- 以何種頻率傳遞資訊給消費者（頻率）？

・使用什麼媒介？

3. **確定廣告資訊**

・告知顧客。

・勸導顧客。

・提醒顧客。

・改善顧客對產品的態度。

我們要告訴顧客的是我們的產品新上市，還是整體的形象展示？讓大家知道某一個品牌，還是告訴客戶具體的產品系列、產品的用途和性能？這些都是廣告資訊的內容。

4. **廣告創意的開發**

・沿用舊風格。

・開發新創意。

・綜合運用新老創意要素。

5. **最後製作**

・藝術性；

・佈局與設計；

・印刷或膠片品質。

做廣告用品時要結合運輸與製作成本，要瞭解各地區製作的不同成本。如果公司做一些門頭廣告，可以在當地製作，一是效率高，二是價格較便宜，三是讓經銷商參與，作一個交流，四是不會有長途運輸損壞的問題。在總部製作形象用品，還是在當地製作，要看製作品質的要求，有些經銷商會提到這一點，對廣告支持提要求。公司應該對此做一個計劃，進行測算，看那種成本最低而效果又好，能省錢、省時間。

6. **法律問題**

・廣告所有權證明書；

・不公正或欺騙性資訊；

・註冊商標的地點；

・圖像複製使用；

・適當的標籤性說明（如主治醫生的忠告）。

廣告的法律問題，比如廣告的所有權，在與廣告商合作時，廣告商的一些提法可能是不合法的，策劃部門要有法律意識。

7. **媒介工具的選擇與組合**

・媒介因素：總「收視率」測試、「千人收視成本」、每筆銷售的成本等。

・有效觀眾統計。

・與創意要求相關的媒體特徵。

・媒介的有效性。

・媒介成本（花錢換得的價值）。

8. **廣告回饋的追蹤**

・回饋數量。

・媒體和資訊實際作用於產品購買的效果。

・選擇連續性追蹤或有效性追蹤。

・調整廣告目標。超群行銷物語

四、以銷售管道為主導的擠佔策略

擠佔者可以通過發展新的行銷管道或活化現有行銷管道來攻擊競爭者。如雅芳成長為一個著名的化妝品的秘訣是：利用其直銷系統的推銷方式，而不在傳統的商店和其他管道（如百貨公司專櫃、美容沙龍等）與對手競爭。

以管道為主的擠佔策略是一種比較有效的策略，通過調整管道結構，同樣可以打擊對手，降低他們的市場佔有率。

1. 最佳銷售管道必須考慮的三個層面

發覺到達目標市場的最佳銷售管道，必須考慮三個層面，以達到「知己知彼」。

2. 站在消費者立場上衡量其購買習性，以決定最適當的管道。

衡量消費者的購買習性，考察消費者行為，這是很關鍵的。有些人去五金店去買東西，有的人卻喜歡到專業建材市場挑選，如果消費者喜歡去專業市場，可以考慮在那裏設一個專櫃。

3. 站在企業的立場上考慮利潤最大化的條件。

包括鋪貨、鋪市的成本及管道的長短。管道長了可能銷售難以提升，管道短了，可能導致人員不夠。

4. 站在競爭者的立場上考慮最具競爭優勢的條件。

比如有些公司在一些地區有製造基地和配送中心，可能在配送上的優勢強一些。

（一）新管道的設計與選擇步驟

1. 決定「配銷管道」的六個決策項目：

①管道的長度：直接？間接？

②管道深度：密集性？選擇性？獨家經銷？很多企業在其大本營都是採取密集分銷，與市場的交流最直接。

③管道寬度：單元化、多元化？把一個產品或一個產品組合交給一個經銷商來做，還是用不同的系列來確定不同的經銷商身

份？

④中間商提供的服務。有些中間商在專業市場當中的配貨能力比較強。

⑤企業提供的協助。辦事處的人員安排。

⑥評價選擇經銷商。對上面五個方面分析之後，可以對分銷商進行選擇調整。

2.分析「配銷管道」的決策目標：

①銷量最大。

②成本最低

③管道的信譽最佳

④管道控制最強。

3.考慮影響「配銷管道」的因素

①產品因素。

在管道調整的時候，考慮產品利潤怎麼樣，在產品利潤還可以的情況下，要遲緩一點調整。

②市場因素。

某一個產品在某一段時間滯銷，而在另一段時間卻很暢銷，要瞭解造成這種情形的真正原因。

③企業本身因素。

企業在有些地方人員比較齊，有些地方人員比較單薄，還難以對市場做全面的控制，有許多空白的地區跟在成熟地區操作就不一樣。企業自身的人員、資金投入、原有的管道都會影響到市場操作。

④競爭因素。

要充分考慮競爭對手在管道建設上所採取的策略，針對他們的策略採取相應的措施。

⑤中間商。

要考慮中間商的情緒，比如在安排布點策略、安排政策時他可能有情緒，怎麼樣去跟他溝通，把他安撫好，提高他的積極性，這是商務主任的一項主要工作。

⑥環境限制。

環境因素也要加以考慮，如城市中心部與城市結合部是不一樣，市中心連鎖的比較多，城郊結合部是輻射週邊地區，這就是環境不一樣。

4. 比較可實行的管道方案

比較若干「備選方案」中銷貨收入、銷貨成本、獲利貢獻等，從中選擇最佳行銷管道。在管道運作中要有 A 方案和 B 方案，有備選的方案。如果我們的管道調整方案引起了對手的異動，產生一些反控制的行為時，要考慮到備選方案。A 方案和 B 方案都要從我們的收入成本、對利潤的貢獻去考慮，去挑選最佳的。

（二）活化現有管道

做管道改革的時候，目標是啟動現有管道，刺激管道。

1. 刺激策略

①以契約的方式給予利潤保障、給予折扣，或者用競銷獎金等利益手段進行刺激。

②利用「達成一定銷量，可大幅度提高階梯利潤」的方法，提高經銷點的銷售意願。該方法在短期內即可出現效果，對具有一定銷售能力的經銷點是一種很有效的方法。

2.提高經銷點素質水準，強化其「擴銷」能力

①教育訓練。

②運用援助方案。

管道擠佔既要考慮佔有率，也要考慮管道品質，最重要的是掌握平衡的藝術。

心得欄 ------------------------------------

五、以服務為主導的擠佔策略

從銷售過程未看，產品只是一部份，要達到顧客滿意，服務是很關鍵的因素，並且服務本身就是利潤之源。

擠佔者可以為顧客提供新的或更好的服務。IBM 成功的原因，正是因為它認清顧客對軟體與服務的興趣比對硬體的興趣要濃厚得多。

美國租車業 Avis 對 Hertz 的攻擊策略也是如此，其提出的口號是：「我們僅是第二，但我們將更努力」。這是基於對顧客的承諾(提供比對手更清潔的車子與更迅速的服務)而提出的口號。依靠「服務創新」和「服務競爭」已經成為一種越來越重要的擠佔手段。

在很多行業當中，都是打服務這張王牌，在近年的冷氣機大戰中，最先提出服務，去為客戶裝冷氣機，帶有墊布，不弄髒客戶的地板，還規定進門要帶鞋套，要有禮貌，允許進去時才能進去，工作時要把墊片鋪開，工具放在上面，進行安裝。

在市場競爭過程中，攻擊對手的策略是綜合的，要發揮各種手段的協同效應。

第七章

提升市場佔有率第一招
——要擁有適當的產品

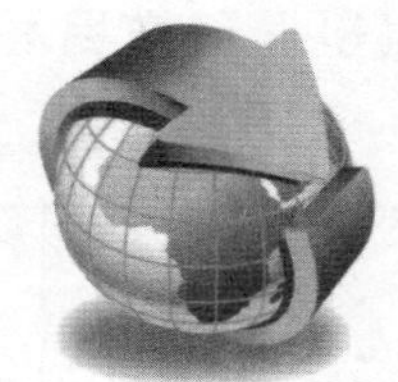

提升市場佔有率第一招：擁有適當的產品。消費者對產品的期望，來自企業對產品的定位。企業承諾產品優於競爭對手，就必須真正做到，否則,這個產品就是失敗的。因此產品須迎合市場需求，才能確保市場佔有率。

一、產品的定位

消費者對產品的期望多半來自於企業對產品的定位。即使企業的產品在整體上優於競爭對手，但如果產品無法真正達到企業所承諾的目標，那麼在消費者心目中，這個產品就是失敗的。

產品定位，也稱市場定位，是指傳達給顧客的差別優勢。定位是指產品確定有競爭力、差別化的市場地位，即為產品創造一定特色，樹立一定的形象，從而在顧客心中形成一種特殊偏愛的市場行銷策略。

（一）不同行業的產品差異化機會

不同行業的產品差異化機會有很大差別，波士頓諮詢公司按照競爭優勢數目的多少和規模的大小，劃分出以下四類行業，如圖 7-1 所示。

圖 7-1　行業競爭優勢數目和優勢規模矩陣

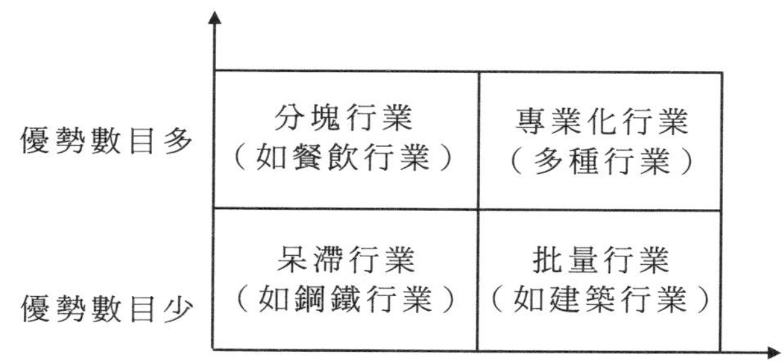

（二）明確產品差異化途徑

1. 產品成本差異化

產品成本差異化即通過降低成本來獲得差別優勢，主要有以下幾種方式。

⑴大量生產、銷售一種或一組產品，努力使生產規模化。

⑵重點投資在有效率的製造廠和對價格敏感的市場上。

⑶嚴格控制生產成本和各種管理費用。

2. 產品或品牌屬性差異化

產品或品牌屬性差異化，主要包括以下幾種方式。

⑴產品特徵。其出發點是產品的基本功能，此外，企業還可以通過增加新的產品特徵來推出新產品。

⑵產品的工作性能。是指產品首要特徵的運行水準。顧客在購買同類產品時，會對不同的品牌加以比較。

⑶產品品質的一致性。如果產品品質的一致性較低，顧客就會感到失望，進而導致市場佔有率下降。

⑷產品耐用性。指產品的預期使用壽命。

⑸產品可靠性。指衡量產品在一定時期內不會發生故障的指標。

⑹產品式樣。指產品給顧客的視覺效果及消費者的心理感覺。

3. 產品服務差異化

產品服務差異化，主要包括以下幾種方式。

⑴送貨水準。它包括送貨速度、準確性及對產品的保護程度。

⑵安裝服務水準、顧客培訓服務水準以及修理服務水準。

⑶諮詢服務水準。諮詢服務是指向顧客免費提供資料、免費給予指導或幫助購買者建立資訊系統。

4. 產品形象差異化

這裏是指由於企業的產品或品牌形象不同，顧客會做出不同的反應。產品或品牌可以形成不同的個性，以便於顧客識別，主要包括以下幾種方式。

⑴產品或品牌的形象差異化。

⑵產品或品牌的標誌差異化。

（三）確定產品差異的數量

1. 單一差別利益定位

只向目標市場宣傳一種差別利益，並努力使該屬性（差別利益）成為同類產品中的第一位。

2. **雙重差別利益定位**

向目標市場宣傳兩種差別利益，應注意兩種差別是可相容的。

3. **多重差別利益定位**

向目標市場宣傳多種差別利益。例如，某品牌牙膏選擇了三重利益定位：防蛀、潔白牙齒、清新口味。

（四）產品定位決策

1. **產品定位的策略**

企業在為產品定位時，可採用產品屬性定位、產品利益定位、產品用途定位、使用者定位、針對競爭對手定位、產品種類定位等策略。

2. **產品定位的步驟**

⑴確認各種定位主題。產品經理可以諮詢廣告代理機構和產品小組成員，確認定位主題。

⑵篩選各種定位主題。

⑶選擇最能滿足這些標準並能為行銷組織所接受的定位。

⑷實施與所選定產品定位一致的行銷計劃(如促銷、廣告等)。

在美國轎車出租業中，赫茨公司最為有名，佔據市場排名第一，阿維斯公司則緊隨其後。當然，阿維斯公司絕不甘心居人之後，多年來，該公司一直致力於宣傳其租車業務的服務品質。「提供最優的租車服務」曾經是其一次行銷活動的口號。然而，用戶在看到這樣的廣告時卻感到迷惑：「這並非是我們首選的租車公司，它怎麼能夠提供最優的服務呢？」

當這樣的努力被證明無效以後，阿維斯公司做出了一項重要的抉擇，嘗試提高公司在用戶心目中滿意度。他們承認自己在市場中所處的位置：「阿維斯在租車業中位居第二，為什麼要租我們的車呢？因為我們正在追趕。」阿維斯公司曾經連續13年經營虧損，而當其承認自己在市場中位居第二的時候，它卻開始盈利。

之後不久，阿維斯公司被國際電話電報公司(ITT)收購。該公司在接收阿維斯後，立即指示其採用新的行銷口號，即「阿維斯將要成為第一」。然而，用戶的回答卻是：「不，它不是第一，它並不是我的首選。」為了證實這一點，很多用戶還打電話向赫茨公司詢問。於是，這項新的行銷活動變成了一場災難。

由此看來，「屈服」並不一定是件壞事，也許它還是你對自己產品正確定位的開始。對一個剛進入市場的新產品而言，面對早已根深蒂固的其他強勢產品，「屈服」也許更是一種巧妙而又行之有效的行銷策略。

最為典型的例子莫過於百事可樂，它一上來就先「認輸」，甘居「老二」，這非但沒有貶低自己的形象，反而傳達給消費者這樣一個資訊：百事可樂正是朝氣、清新、謙遜、不怕輸而又不會屈服的年輕人的代表。於是，百事可樂很快成為年青一代的新寵，在這一目標市場上確定了自己的優勢。

當然，「屈服」並非無條件、無限制的屈服，這只是當對手過於強大時的一種自我保護，「屈服」的背後正是「不屈服」。承認「第二」正意味著要爭當「第一」。企業的長期目標絕不能只是保持第二，而是爭當第一。

二、產品的品質

品質是企業的生命線，品質不好的產品會給經銷商和客戶帶來很大麻煩。

因此，企業應當在產品的各個生命週期階段嚴把品質關。

企業產品大致可分為採購前產品、生產中產品(檢驗、測試)和銷售後產品三種。

那麼，企業應該如何控制品質流程呢？首先，企業在產品品質控制中，應大致經歷以下幾個步驟。

1.操作者控制階段：由生產操作人員負責產品品質控制。

2.班組長控制階段:由班組長負責整個班組的產品品質控制。

3.檢驗員控制階段：設置專職品質檢驗員，專門負責產品品質控制。

4.統計控制階段：採用統計方法控制產品品質。這是品質控制技術的一個重大突破，開創了品質控制的全新局面。

5.全面品質管制(TQM)：全過程的品質控制。

6.全員品質管理(CWQC)：全員品管，全員參與。

產品的品質控制是從一個或幾個人的主管控制開始，漸漸演變為運用系統的、科學的、全面的有效方法進行控制。

產品的生產過程由一系列相互關聯、相互制約的工序構成。工序品質是基礎，直接影響著產品整體品質。所以，工序品質控制是產品品質程序控制的基礎和核心。

三、產品的包裝

某食品公司曾經推出一種新型果汁飲料。該公司針對十幾歲青少年這一目標消費群的特點，抓住他們愛扮「酷」的心理，採用迷彩色作為新產品的包裝底色，在迷彩背景的中間懸掛一個白色五角星軍用掛件作為利樂磚和易開罐的包裝，並命名為「野戰」飲料。其產品包裝十分前衛，明快、獨特的風格一下子就吸引了青少年消費者，甚至還在試銷時，就引起了轟動，青少年紛紛駐足圍觀，索要產品包裝樣品，因此，該產品剛一上市就供不應求。

這就是包裝的魅力！要想產品出奇制勝，首先必須讓包裝吸引消費者的眼球。包裝就像灰姑娘身上的羽衣、腳上的水晶鞋，是產品打開市場、樹立形象必不可少的一環。

產品包裝的設計應符合下列要求。

1. **造型美觀大方**

包裝具有美化產品、宣傳產品的作用。這就要求包裝的造型美觀大方，圖案生動形象，不落俗套，避免模仿、雷同。儘量採用新材料、新圖案、新形狀，引人注目。產品包裝的好壞，既可反映一個企業管理水準的優劣，又是企業管理人員是否具備較高的文化水準、藝術修養的重要標誌。

2. **包裝獨特新穎**

包裝要能顯示產品的特點或風格。對於以外形和色彩表現其特點或風格的產品，如服裝、飾品、食物等，應考慮採用透明包裝或在包裝上附印彩色圖片；貴重商品、藝術品和化妝品的包裝要烘托出產品的高雅和藝術性。

另外，一個企業的不同產品的包裝從外觀、形式、色調必須要有統一的規劃與設計，這樣才會對消費者產生視覺衝擊。

3. **包裝實用方便**

包裝的主要目的是保護產品。因此，首先要根據產品的不同性質和特點，合理地選用包裝材料和技術，確保產品不損壞、不變質、不變形；其次要合理設計包裝，便於運輸。

容易開啟的包裝結構適用於密閉式包裝產品；噴射式包裝適用於液體、粉末、膠狀產品。

另外，包裝的大小直接影響產品使用時的方便程度，因此，在便於使用的前提下還要考慮儲存、陳列、攜帶的方便。

4. **包裝層次分明**

包裝設計不可過分複雜。一般來講，產品包裝上需要突顯的要素不要超過三個：品牌、規格或口味、產品利益點（宣傳口號）。這三者之間要重點突出，層次分明。企業為了最大限度地突顯其產品特色，往往注重於品牌的設計或者突出產品的利益點，例如綠茶的「綠色好心情」、統一鮮橙多的「多 C 多漂亮」等。

5. **包裝合理合法**

包裝上的文字應能增加顧客的信任感並指導其消費。產品的性能、使用方法和效果常常不能直觀顯示，需要用文字來表達。包裝文字的設計應根據顧客的心理需求突出重點。某些特定的產品，其包裝上必須標註一些關鍵元素，如食品包裝上應說明用料、食用方法；藥品應說明成分、功效、用量、禁忌以及是否有副作用。這樣做能夠直接回答顧客所關心的問題，消除其可能存在的疑慮。文字說明必須與商品性質相一致，虛假不實的文字說明等於在欺騙顧客，既會損害顧客的利益，也會損害企業的聲譽。

另外，包裝的色彩、圖案要符合顧客的心理要求，不能與其民族習慣、宗教信仰相抵觸。同一色彩、圖案的含義對不同的消費者來說其意義是不一樣的。

常見的產品包裝方法，大致有以下幾種：

⑴**類似包裝**

企業對其生產的產品採用相同的圖案、近似的色彩、相同的包裝材料和相同的造型進行包裝，便於顧客對本企業產品的識別。對於忠實於本企業的顧客而言，類似包裝無疑具有促銷的作用，同時企業還可因此而節省包裝的設計、製作費用。但類似包裝策略只能適用於品質相同的產品，對於品種差異大、品質水準懸殊的產品則不宜採用。類似包裝策略的優點：可以壯大企業聲勢，擴大企業影響；特別是在新產品上市時，可以借用企業的信譽消除顧客對新產品的不信任感，使產品儘快打開銷路。

⑵**等級包裝**

等級包裝是指企業將產品分成多個等級，對高檔優質產品採用優質包裝，一般產品則採用普通包裝，使產品的價值和品質相稱，表裏一致，等級分明，以便於購買力不同的顧客選購。

⑶**重覆使用包裝**

重覆使用包裝是指企業在原包裝的產品用完後，空的包裝容器還可以用作其他用途。例如，果醬、醬菜採用杯形包裝，空的包裝瓶可以作為旅行杯；糖果包裝盒還可以用作文具盒等。這種包裝一方面可以引起用戶的購買興趣，另一方面還能使刻有商標的容器發揮廣告宣傳作用，吸引顧客重覆購買。

⑷**配套包裝**

配套包裝是指在配套產品中加入某種新產品，可使顧客不知不覺地習慣使用新產品，有利於新產品的上市和普及。例如，在化妝品盒內同時裝入幾種化妝品；將牙膏、牙刷包裝在一起等。

⑸**附贈品包裝**

在商品包裝物中附贈獎券或實物，或包裝本身可以換取禮品，可以吸引顧客的惠顧，導致重覆購買。例如，捆裝的速食麵產品附贈餐巾紙；化妝品包裝中附有贈券，可以換到贈品等。

⑹改變商品包裝

當企業的某種產品由於與同類產品品質相近而銷路不暢時，就應注意改進這種產品的包裝。如果一種產品的包裝已採用較長時間，也應考慮推陳出新，變換花樣。由於包裝技術、包裝材料的不斷更新以及消費者的偏好不斷變化，採用新的包裝可以彌補原包裝的不足。

心得欄

第八章

提高市場佔有率第二招

——制定出色的行銷方案

有市場存在的領域，必然存在各種各樣的競爭。企業需要隨時關注競爭對手的動態，以便隨時制定新的因應對策。提升市場佔有率的第二招就是：首先你要有制定出色的行銷方案。

一、競爭對手的市場訊息

有市場存在的領域，就必然少不了競爭。無論企業還是經銷商，都需要隨時關注競爭對手的動態。那麼，如何深入剖析競爭對手呢？一般而言，弄清競爭對手的狀況都不是件很容易的事，通常可從以下幾個層面進行分析。

（一）層面一：競爭對手的產品

1.策略分析

產品策略在企業中佔有舉足輕重的位置。因此，策略分析首先要研究的就是競爭對手的產品策略。在研究競爭對手的產品時，可從以下幾個方面入手。

⑴產品的技術含量。包括競爭對手採用的是國內技術還是國外技術？技術先進在那裏，又有那些缺陷？企業的研發力量如何？等等。

⑵產品使用的主要原材料、部件。例如，電視機的核心部件顯像管採用的是那個品牌？冷氣機壓縮機是採用進口的、合資的，還是國產的？

⑶產品品質如何？

⑷產品技術水準如何？產品表面很粗糙，還是非常精緻？

⑸產品的主要性能參數怎樣？

⑹產品的主要功能是什麼？

⑺產品的最主要賣點和優勢是什麼？

⑻產品上市是否及時，或者時機是否成熟？

⑻產品更新換代的週期有多長？

2.應對技巧

在研究競爭對手的產品策略時，可從以下幾個途徑入手。

⑴通過間接或直接的方式詢問當地主流經銷商。

現在，基本上每個經銷商都代理、經銷著多個品牌，所以企業可以通過這些經銷商來獲得第一手資料。商家的回答可能不會那麼全面，但是他們的評價恰恰是企業最容易忽略，也是最重要的東西。

⑵詢問有關維修人員。

維修人員在產品品質方面是最有發言權的，他們的言語可能更簡單，但卻言簡意賅。例如，那個品牌的產品品質好、那種原材料和零部件性能優異，他們都一清二楚；同時，他們對各個品牌產品之間的優劣也有很深的認識。

⑶詢問促銷員。

促銷員直接面對消費者，熟悉產品的最大賣點與消費者喜好，對各個品牌的產品較為熟悉。

⑷通過公眾「調查」，獲得終端資訊。

找到當地消費者，在不經意間向他們詢問對於各個品牌產品的看法，這些觀點往往會出乎企業的想像。

⑸直接詢問自己的銷售人員，如何看待競爭對手的產品。

⑹收集有關媒體方面的資訊，獲得更多的資訊資料。

⑺通過總部獲得競爭對手的相關資料，再與自己區域市場內的情況相比較。

（二）層面二：競爭對手的價格

1. 價格分析

相對而言，價格策略對於企業更加重要。因為目前市場上各個品牌之間，無論是品牌形象、規模實力，還是產品品質，基本上沒有太大差異，價格策略則直接決定了企業盈利與否、盈利多少。在分析競爭對手的價格策略時，應主要研究競爭對手的總體價格水準、各個細分產品的不同價格標準、價格定位、價格調整頻率與力度、進貨價、零售價、結算價、獎勵金之間的相互關係等。

2. 應對技巧

對於競爭對手的價格策略，主要可通過以下途徑進行研究。

⑴動用銷售人員。

讓他們將競爭對手在一個階段內的所有產品價格記錄下來，然後詳細分析，綜合比較，確定競爭對手的整體價格水準，評估競爭對手的價格定位。其中，還需要將不同型號的產品進行相應的比較、評估。雖然從整體而言，競爭對手的價格可能略高於自己的品牌，但是從每個品種來看，有些型號的產品價格對方定價可能還稍低，這就更需要我們仔細分析，研究競爭對手此舉是為了單純的「宣傳造勢」獲得「低價」的印象，還是為了打擊自己搶佔細分市場佔有率？這些問題一旦明瞭之後，就可以從容決策。

⑵利用促銷員。

讓促銷員到市場一線實地考察，看對方的促銷員如何介紹他們的產品，從另外一個側面研究競爭對手的價格策略。此外，還應讓促銷員不間斷地彙報對手的動態，以此分析對手的價格定位。

⑶直接找經銷商。

向他們詢問不同價格定位的優劣勢，研究對方價格定位的策略，再來分析自己的價格定位是否合理。

⑷通過公眾調查。

通過對公眾進行非正式的調查，結合當地居民的生活水準和消費習慣，評估競爭對手的價格策略是否到位。

（三）層面三：競爭對手的管道

1. 管道分析

競爭對手的管道策略主要包括以下幾個方面。

⑴競爭對手的管道政策。

競爭對手是自建行銷網路，還是主要依託傳統的代理、經銷體系，或者是直銷、設專賣店，甚至還包括電話行銷、網路行銷等。當然，更多的企業是同時採用多種行銷管道模式。

⑵競爭對手管道政策調整的頻率和力度。

絕大多數企業都在不間斷地對自己的管道政策進行相應的調整，有時是全面調整，有時則只是調整某些方面。在不同時期，企業會有不同的管道模式。

⑶競爭對手管道建設和維護的舉措。

這其中包括投入一定的人力、物力、財力對相應的經銷商進行不同程度的支持等。

2. 應對技巧

研究競爭對手的管道策略，主要從以下幾種途徑著手。

⑴用好銷售人員。銷售人員必須對競爭對手的管道策略有比較深刻的認識，並能對競爭對手的管道策略進行優劣評估，這是非常重要的一個途徑。

⑵積極進行市場調查。與商家多溝通、交流，從他們口中獲悉競爭對手的管道策略以及市場競爭力如何。

⑶從促銷員那裏得到補充的回答。雖然促銷員並不瞭解整個管道的運作，但由於他們身處市場一線，所以對市場有著深刻的感性認識，而更容易將管道策略與消費者習性結合在一起，這也不失為一個很好的途徑。

⑷從總部獲得更詳細的資料，這些資料可能更多的是一種補充，畢竟各地市場狀況並不相同。

⑸通過專業網站。通過專業的行銷網站、相關行業網站，搜

尋有關競爭對手管道策略的文章、新舉措，從而更全面地瞭解競爭對手的管道策略。

（四）層面四：競爭對手的促銷

1. 促銷分析

「市場為王」其實更多的就是指市場促銷，企業只有將產品銷售給消費者，才算是真正完成了銷售的第一步（還有後期的維護保養）。從這個角度來看，促銷就是完成銷售的「臨門一腳」，其重要性不言而喻。分析競爭對手的促銷策略，其實質內容不外乎以下幾個方面：

⑴促銷的頻率，即促銷活動是否能經常開展，並長期堅持下來。

⑵促銷的力度，即投入的各項成本有多大。

⑶促銷的形式，是否豐富多樣。

⑷促銷的內容，是否能吸引消費者的眼球。

⑸促銷的成效，即促銷究竟幫助企業贏得了多少市場佔有率，銷量提高了多少。

⑹促銷對品牌提升的好處。

⑺促銷對企業員工、經銷商信心的提高程度。

2. 應對技巧

分析競爭對手的促銷策略，主要借助以下幾種管道。

⑴銷售人員。銷售人員對市場有著敏銳的洞察力，因此他們對於競爭對手的促銷活動都會給予強烈關注。

⑵經銷商。由於促銷能夠增加實際的利潤，所以無論是自己的經銷商還是競爭對手的經銷商，他們都會十分關注企業的各種

促銷活動，對促銷也有更深刻的體會。

⑶促銷員。促銷員通常都會受到競爭對手的鼓舞，更加賣力地推銷自己的產品。

⑷公眾（含消費者）。目前，誰的促銷活動開展得多，誰的認知度就高，這是市場競爭中一個必然的趨勢。所以，在區域市場內，許多小品牌可以佔據壟斷位置，而全國性大品牌反倒位居中游。

⑸網路。上網查找相關資料，或是與同行多交流。

（五）層面五：競爭對手的服務

1.服務分析

在研究競爭對手的服務策略時，需要瞭解以下幾種情況。

⑴競爭對手的服務政策。這裏最重要的是售後服務費用結算問題。例如，每台冷氣機的安裝費是多少、如何計算維修費用等。

⑵競爭對手的服務承諾。例如，整機保修幾年，主要部件保修幾年，上門服務的時間，是否設有24小時免費諮詢電話等。

⑶競爭對手的服務兌現情況如何，即服務品質如何。這裏包括競爭對手是否有非常完善的維修規章制度，員工是否真正執行，衣著是否統一，服務態度是否端正，服務品質是否確實到位，消費者是否完全滿意，遭到投訴的幾率有多大等。

2.應對技巧

研究競爭對手的服務策略，主要的途徑就是諮詢售後服務人員。售後服務人員一般對於這些情況都非常瞭解。但一些企業名義上說是去研究競爭對手，卻很少到一線和維修部門進行實地考察，結果導致最後並沒有把握住那些最關鍵的要素。

另外，詢問促銷員也是一個途徑。因為有許多消費者在遇到品質問題時，總會到商場去投訴，找到直接當事人抱怨。因此，促銷員對企業的服務策略必須有一個清醒的認識。

（六）層面六：競爭對手的品牌分析

當今市場競爭日益激烈，對競爭品牌進行分析已越來越受到各個企業的重視。那麼，該如何對競爭品牌進行分析呢？就銷售而言，可從以下兩方面進行。

1.競爭品牌銷售代表的行動

⑴每月或每週拜訪批發客戶或零售客戶的頻率是多少？

⑵在批發客戶或零售客戶處停留多長時間？

⑶主要與批發客戶或零售客戶中的那些人見面？

⑷洽談的內容有那些？

⑸利用何種形式增強客戶關係？

⑹與批發客戶和零售客戶的共同促銷活動是否頻繁？

2.競爭品牌的銷售策略

⑴對手集中全力銷售何種產品，對本公司產品的影響如何？

⑵他們採用何種銷售策略，其效果怎樣？本公司與其對抗的策略是否有效？批發客戶對其反應如何？

⑶競爭品牌的價格政策及折扣政策是怎樣的？批發客戶對其反應如何？

⑷競爭品牌的售後服務、對管道客戶不滿的處理及送貨制度如何？

⑸競爭品牌對批發客戶的銷售目標、市場佔有率是怎樣設定的？

二、市場調查

企業要想佔領終端、獲得市場佔有率，就必須進行市場調查。它是企業整個市場運作方案成功與否的基礎。而正確可靠的市場調查，能夠為企業的決策提供強有力的保障。

（一）市場調查的步驟

市場調查工作分三大步驟進行，即調查準備、調查設計、調查執行。

1. 步驟一：調查準備

市場調查準備階段的主要任務有三個，即界定調查主題、選擇調查目標、形成調查假設並確定需要獲得的資訊。

⑴**界定調查主題**

在調查之初，調查的問題面通常較廣、範圍較大，如產品、價格、管道和促銷等。但是這種大範圍的問題不宜作為調查的主題。例如，對產品的調查，究竟是與競爭者產品的比較，還是對其產品的包裝，或者是產品的生命週期進行調查。沒有弄清楚要調查的問題，或是對所調查的問題做了錯誤的界定，調查的結果就不會對企業提供任何幫助。

⑵**選擇調查目標**

首先是確定調查目標，確定後，還需要把調查目標再分解為具體的調查工作。

⑶**形成調查假設**

調查問題確定後，調查人員將根據調查目的選擇一組調查目標，然後還要針對實際可能發生的情況形成適當的調查假設。形成假設的作用是使調查目的更加明確。調查人員的理論知識、實際經驗以及探測性調查獲得的資訊是形成假設的依據。

2.步驟二：調查設計

在完成了準備工作之後，調查人員要規劃出調查設計。調查設計是指導調查工作順利進行的詳細藍圖，其主要內容包括確定資料的來源和收集方法、樣本計劃調查經費預算和時間進度安排等。

⑴設計調查內容

在調查設計階段，調查人員首先要根據調查目的、調查目標和調查假設，確定調查的對象和內容，即到何處去收集那些資料。

⑵設計調查方法

如果二手資料不能完全滿足調查的需求，要收集原始資料，這時就需要設計調查方法。收集原始資料的方法主要有調查法、觀察法和實驗法。

究竟採用何種方法去收集原始資料，要依據調查的目的、性質以及研究經費的多少而定。

⑶設計調查工具

確定了資料收集方法以後，就要著手設計收集資料所需的各種工具。收集原始資料，事先必須設計問卷。問卷設計中最為關鍵的問題是提什麼問題及提問的方式，包括提出問題的語氣、措辭及順序等。在設計上述各種工具時，調查人員必須考慮到被訪問者或參加實驗者的文化水準、專業知識和方言等。

⑷設計調查樣本

設計調查樣本就是根據調查目的確定樣本的性質、大小及抽樣方法。樣本過小，會影響到調查結果的精確度；樣本過大，容易造成經濟上的浪費。

⑸設計調查方案

設計調查方案是調查設計階段的最後一個步驟。所謂調查方案或計劃，是指保證市場調查工作順利開展的指導性文件。調查人員接受委託進行調查時，調查計劃也可成為委託人與調查承擔者間的一個書面協議。調查方案(計劃)基本內容包括：調查目的、調查方法、課題背景、調查組織、經費預算和實際進度安排。

3.調查執行

在調查計劃設計完成之後，就到了執行階段，即把調查計劃付諸實施，它是調查工作的一個非常重要的階段。該階段主要包括實地調查、收集資料，然後對資料進行處理、分析和解釋，最後提交調查報告。

⑴實地調查、收集資料

在調查執行階段，首先就是進行實地調查、收集資料。在實地調查中，調查人員通常需要另外聘請一些訪問員、觀察員及實驗人員，調查人員必須做好對他們的選擇、培訓和管理工作。調查期間必須加強對他們的稽核與監督，以保證他們按照計劃的要求收集可靠的資訊。

⑵資料整理、分析與解釋

資料整理的第一步就是對收集到的資料進行檢查和篩選，排除因調查人員工作失誤或心存偏見所造成的錯誤，然後對資料進行編輯、編號和表格化，最後對整理後的資料進行分析，並對結果做出解釋。分析資料的方法有很多，如回歸分析、因數分析和判別分析等。另外，在分析過程中借助電腦等輔助工具，能使分析工作更有效率。

⑶**調查報告的準備與提交**

市場調查的最後一個步驟是準備並提交調查報告。調查報告是調查人員向行銷決策者或研究委託者提交的最終調查結果。調查報告大體可以分為兩類：一類為通俗性報告，一類為技術性報告。通俗性報告是提交給企業行銷管理者作為決策的依據；技術性報告除了提出分析結果、研究結論以及解決問題的建議之外，通常還包括詳細的調查數據和複雜的技術性文件。

（二）市場調查的方法

市場調查的方法有很多種，根據調查目的的不同可以選擇不同的方法。常用的調查方法有以下幾種：

1. **一般調查法**

訪問法和觀察法是常用且比較客觀、科學的市場調查方法。

⑴**訪問法**

訪問法是把調查人員事先擬訂的調查項目或問題以某種方式向被調查人員提出，要求其給予答覆，由此獲取被調查人員或消費者的動機、意向、態度等方面的資訊。據調查人員與被調查人員接觸方式的不同，訪問法又可分為以下幾種，具體如表 8-1。

⑵**觀察法**

觀察法在市場調查中的用途很廣，它是由調查人員直接或通過儀器在現場觀察被調查對象的行為動態，並加以記錄而獲取資訊的一種方法。市場觀察是要觀察消費者在零售店裏的購買活動、零售店員工對各品牌產品的態度，以及各競爭廠家的市場促銷活動等，以便收集充分的資訊，制定自己的行銷對策。

表 8-1　訪問法的類別

訪問類別		個人訪問
表現形式		通過調查人員直接訪問被調查人員，向其詢問有關問題，從而獲取有關資料和資訊
特點	優點	1. 具有激勵效果。可通過提問或圖片展示及產品樣品介紹等手段，激發被調查人員的興趣和參與意識 2. 提問方式及順序可調整，靈活性較大 3. 能夠觀察週圍的環境以及被調查人員情緒、對問題的反應，通常能得到較全面、較正確的資訊資料
	缺點	成本高，所得結果不一定真實
備註		調查人員可根據事先擬好的問卷或調查提綱上問題的順序依次提問，有時也可採用自由方式進行交談
訪問類別		電話訪問
表現形式		通過電話訪問被調查人員獲取所需資訊
特點	優點	成本低，花費時間少，非常適用於瞭解諸如消費者對促銷活動的反應、電視節目的收視率等情況
	缺點	1. 由於電話普及率不高，調查範圍易受限制 2. 無法借助視覺幫助或其他手段調動被調查者的積極性，調查內容易受到限制
備註		
訪問類別		電子郵件或郵寄
表現形式		將設計好的標準問卷用電子郵件或信函的方式寄給被調查人員，請其自行回答後再寄給調查人員，從而收集所需要的資訊
特點	優點	1. 成本低，調查範圍不受任何限制 2. 不會因調查人員在場而引起偏見 3. 可以讓收集到的資訊更準確
	缺點	耗費時間較長，問卷的回收率很低
備註		

2.**問卷法**

在大多數市場調查中，調查人員都要依據調查的目的設計某種形式的問卷。問卷是市場調查的重要工具之一。問卷設計沒有統一的、固定的格式和程序。

用巧勁成就白酒大品牌

近年來，白酒市場的需求總量趨於飽和，市場競爭日益激烈。但白酒市場上新產品卻有增無減、不斷湧現，白酒業淘金者越來越多。但無論是業內的操盤高手，還是業外的資本玩家，不少人都是風光了三四年之後便銷聲匿跡了。

白酒市場的這種「品牌夭折」現象，是由多種因素共同作用導致的，如人才、管理、策略、資金等。但一個直接原因是，這些參與角逐的白酒「戰士」沒有高度重視和充分做好市場調查這一重要環節，多半是蜻蜓點水、走馬觀花；有的新進者由於未能週密調查、深刻細分消費市場，導致盲目跟從，於是便有了「三年喝倒一個牌子」的說法。

白酒市場同其他市場一樣，是一個多變數、多因素共同制約的複合體。現代意義上的市場調查絕不是簡單的走訪，它是企業研究競爭環境、尋求市場空間、滿足顧客需求而採取的一套系統、科學的行銷手段。下面就以準備開發一個白酒新產品「古綿純」為例，分析一下應該如何做好市場調查。

一、調查內容

(一)市場環境調查

當鎖定目標市場後，就需要對市場中的一些可控制因素和不可控制因素進行詳細瞭解，其目的在於克服威脅、避開風險、抓住機會，為準確的品牌定位、市場定位和管道定位等找到一個市場切入點。

可控因素包括：產品、價格、管道、包裝……

不可控因素包括：政策、人口、環境、氣候……

1.政策環境：瞭解當地政府對白酒產品的徵稅管理、產業支持等相關政策，這是白酒產品定價的一個重要參考因素。

2.經濟環境：當地經濟發展水準、人們的消費能力及未來3～5年的經濟發展趨勢。

3.地理環境：目標市場的地理特徵、交通狀況。

4.文化環境：當地風俗人情，口味偏好(如有的地方喜歡喝濃香型酒，有的地方喜歡喝淡香型酒)。

5.競爭環境：調查瞭解目標市場的白酒競爭情況，主要知悉有那些競爭品牌、各自產品的市場佔有率等，這有利於企業針對競爭對手採取有效的進攻與防禦策略。

(二)市場狀況調查

瞭解目標市場的規模大小、需求量多少、市場近期狀況與發展趨勢、同行業企業發展動向等。

(三)銷售的可能性調查

對於一些後進者而言，對目標市場的銷售可能性調查就顯得十分重要。新進入的企業應對潛在的白酒購買者、可挖掘的市場空間、消費者的需求變化以及能擴大銷售的可能性途徑等方面展開細緻入微的調查。如果某個市場的生存空間很小、市場切入難度大，就不利於新產品的推廣。

(四)產品的適銷性調查

產品的適銷性調查主要是針對即將上市的新產品在部份消費群體中間展開抽樣調查，以瞭解顧客的評價。特別是在白酒產品

「同質化嚴重」的今天，進行產品適銷性調查就顯得十分重要。

1.產品口感測試：瞭解目標消費群體的口味偏好及對本品的建議，這有利於企業在新產品口感設計方面的創新與改進。

2.產品價格測試：瞭解目標市場對產品價格的承受能力。

3.產品包裝測試：瞭解目標消費群體的審美觀念與精神需求，瞭解產品視覺效果對刺激消費者購買慾望的影響程度。

4.同類競爭品情況：競爭品的市場銷量、生命週期、售後服務及知名度與美譽度等情況。

通過對市場上白酒產品的性能、特徵、包裝、文化等方面的調查，將有益於企業新產品的命名策劃、包裝設計、品牌推廣等。

(五)消費者行為調查

研究白酒消費者的購買行為，有利於企業開發適銷對路的產品和採取有針對性的行銷策略，更好地拓展市場。

1.消費結構：主要瞭解白酒消費群體的消費層次，如農民、工人、白領、商人等。

2.購買動機：指消費者購買產品的心理動機。

3.購買習慣：掌握消費者一般習慣於何時、何地購買等消費行為因素。

4.生理特徵：指直接購買白酒產品的消費群體的性別差異、年齡特徵。

5.心理狀態：消費者對目前市場上的白酒產品的認識與看法等。

6.購買偏好：瞭解消費者習慣於購買那個品牌的那個產品。

白酒市場調查的 5W1H 分析，如表 1 所示。

表1 白酒市場調查的5「W」和1「H」

What	When	Where	Who	Why	How
買什麼酒	何時購買	何處購買	由誰購買	為何購買	怎樣購買

(六)競爭對手調查

主要瞭解競爭對手的招商政策、售後服務、銷售策略等，這有利於通過「差異化」行銷促進企業新產品的上市推廣。

1.產品管道方式調查：如瞭解競爭品採取的是短管道還是長管道模式，以及在商場、超市、酒店、零售店這些銷售終端的情況，如表2所示。

表2 產品管道方式調查

長管道	短管道	直接管道
多級批發、分銷管道	商場、超市、酒店、零售點	專賣店、直銷店

2.產品代理方式調查：主要瞭解競爭對手的招商政策、與經銷商的合作方式，如表3所示。

表3　產品代理方式調查

總代理模式	中間商模式	貼牌、買斷情況
主要瞭解代理市場的區域大小、資金要求、目標群體、行銷支援等情況		

3.終端賣場調查：瞭解競爭品的價格定位、促銷方式及大賣場的產品陳列排面、端架位置、堆頭擺放等情況。

4. 品牌推廣調查：指競爭品牌所採取的一些公關活動、廣告傳播、事件炒作等手段，廣告投放情況調查如表4所示。

表4 廣告投放情況調查

印刷品廣告	電子廣告	戶外廣告	室內廣告
報紙、雜誌、DM吊牌	電視、電台、互聯網	路牌、燈箱、公車等	賣場海報、POP廣告等

(七)市場價格調查

瞭解目標市場白酒產品的價位降浮趨勢及市場高、中、低端各主流產品的價格指數情況。

(八)市場推廣調查

主要瞭解目標市場一些主流品牌通常採用的行銷策略。

(九)其他因素調查

指影響市場的社會因素(如社會重大事件等)和自然因素(氣候變化、自然災害等)。

二、調查步驟

(一)根據調查目的，確定調查重心

(二)設計市場調查表

(三)成立市場調查專門工作組(約10～15人)

(四)抽樣調查

抽樣調查是根據調查課題，對目標市場的市場範圍、消費者按一定比例進行抽樣調查。一般而言，一個省際區域市場的調查比例為10：5(即在一般情況下，除省會城市必須調查外，地級城市的調查數量至少在5個以上)，如表5所示。

表5　抽樣調查參考比例

城市	消費者	零售店	商場、超市	酒店	批發市場
10：5	1000：1	50：1	10：1	10：2	10：8

1.整理調查數據，研究、分析調查結果。

2.編制調查報告，為戰略決策提供參考依據。

三、調查方法

可將觀察法、詢問法、試驗法三種方法相結合對白酒市場進行調查，盡力收集一些及時、可靠、全面、的市場訊息為新產品的市場定位找準思路。

1.觀察法，是通過深入實地細緻觀察，瞭解市場情況。

靜態內容：賣場陳列、店面形象、產品包裝。

動態內容：活動場景、促銷方式、廣告宣傳。

2.詢問法，是通過與被調查者的溝通，瞭解相關資訊。

面談方式：主要詢問經銷商、服務人員、工作人員。

電話方式：主要詢問政府職能部門和自己熟悉的調查對象。

問卷方式：對消費者進行隨機調查。

3.試驗法，將新產品在消費者中間進行測試，瞭解顧客對產品性能、品質、價位等方面的評價。

三、制定出色的行銷方案

在經營中，制定好行銷方案是取勝市場的一個先決條件。出色的行銷方案至少有三個主要支柱：⑴理解市場的本質；⑵瞭解競爭對手；⑶瞭解本公司。在更細緻地研究行銷系統和提出方案以前，必須精確、詳盡地瞭解這三個因素。

1.在關於市場本質的理解方面

作為一名行銷的決策人，對於某一產品市場或你將要參與競爭的市場，這些關鍵點必須心中有數：

(1)全局觀念的市場到底有多大？

(2)這個市場的增長率是多少？

(3)當前的市場是如何被細分的？

(4)當前的市場趨勢是否能細分市場不久的將來的主要變化？

(5)競爭者所佔有的市場佔有率有多大？

在考察市場時，必須要學會回答的一個重要問題是：在商戰中取得成功的關鍵因素到底是什麼？到底是什麼因素決定誰是商戰中的贏家：是產品的品質？產品的多樣性？價格？包裝？分銷能力？廣告能力？新產品的不斷導入？還是有知識的銷售人員？

以「可口可樂」與「百事可樂」的競爭為例，兩個關鍵性的成功是分銷能力和廣告影響。在分析這兩個行業的情況並提出建議時，調查有那些人在喝可口可樂或喝百事可樂，以及如何在成本上節約開支，以及其他一大堆離題的因素將只是浪費時間，如果沒有用決定性、準確性的經濟決策去經營自己的商品，並使其推向堆積如山的市場，那麼它們的經營資訊是沒有什麼意義的。由此可見決定性、準確性的經濟決策對於經營商品的重要，而它才是在商戰中取勝的關鍵因素，只有理解市場的本質才能制定出正確的經濟決策。

其他行業的成功因素有可能完全不同。例如 80 年代初期，豐田汽車的銷售額穩步上升，而法國雷諾車的產量卻下降了。但決定性因素並不在於分銷能力和廣告影響，只在於外形美觀以及成本低廉。

在關於市場的理解方面還有很關鍵的一條，即便對市場的理解很準確，但如果不能明確指出將來市場增長的最可能的來源，這樣的市場分析仍然是不完整的，同時還帶有一定的錯誤性。要弄清如下問題：

⑴你公司的產品是否有可能進入新的市場或新的細分市場？

⑵公司現有的市場是否在增長，還有沒有可能擴展？

⑶有新的消費者進入市場嗎？

⑷公司可以從競爭者手中奪取市場佔有率嗎？從何處開始呢？

⑸我們可以激發現有消費者的更大的購買力嗎？

對以上問題瞭解越深刻，對潛在的增長來源越明確，則提出成功的行銷方案也就越容易。

2.在瞭解競爭對手方面

你應該明白，市場競爭也和拳擊或散打格鬥一樣，如果你要戰勝你的競爭對手，你就必須瞭解一下格鬥場環境。瞭解了市場之後，接下來你就可能要仔細審視站在你對面的對手，看他是不是威武有力，或是不是輕巧靈活，同時在心裏掂量自己能不能鬥得過他。

一個好的市場行銷策劃無非也是要讓自己的產品戰勝競爭者，不斷地擴展自己的市場佔有率，同時日益將競爭對手排擠出市場。正如在格鬥中你要審視對手一樣。在做市場行銷策劃時，根據本市場上的因素來做自己的經營方式、經營戰略等方面的問題，你也要盡可能多地瞭解對方，這樣才能立於不敗之地。這就應了孫子兵法上那句「知己知彼，百戰不殆」的古訓。

你要瞭解競爭對手的是：

⑴誰是我們的競爭對手(答案必須將最強大的、最直接的競爭對手和其他一般競爭者區別開來)？

⑵競爭對手的目標是什麼？

⑶競爭對手的實力如何？

⑷競爭對手目前以那一部份市場為目標？

⑸競爭對手將來可能參與那些市場的競爭？

⑹競爭對手在產品品質、價格、分銷、廣告和促銷方面的情況如何？

所有這些都是為了瞭解競爭的策略、資源和個性，以便在制定決策時做到有的放矢，並能對未來的發展做出預測。只有通過經營預測才能知道從那些方面可以戰勝對手，它是將來成功的保障。最好的行銷商將能夠預測競爭者的新產品和他們將來的行銷計劃，以及他們對市場變動做出的可能反應。

3.瞭解你的公司就是兵法上所說的「知己」。

如何分析本公司也是行銷中最重要的環節，它將教會你如何分析某一市場狀態下的公司及其產品、評估競爭者，以便瞭解公司目前所處的地位，為將來做出相應的選擇。進行這一分析的關鍵問題包括：

⑴從公司規模、市場佔有率、資金來源、歷史記錄和現行市場定位的記錄看，公司在市場中所處的地位；

⑵公司是處於領導地位還是僅僅是一個追隨者；

⑶管理目標和策略是什麼？它正確與否；

⑷為實現這些目標可以管理的資源有那些；

⑸與競爭者相比，公司的優勢和弱點有那些；

(6)公司所處行業的關鍵性成功因素。

還有下列一些因素也是必須加以考慮的：產品特徵、產品價值、價格、分銷管道、銷售能力等一些經營方面的問題。最佳策略方案必須以其優勢為基礎而迴避其弱點。

確定本公司在那方面可以獲利，是分析你的公司時必須注意的一點。每一公司都必須判別其眾多產品和服務的相對利潤，以便在需要的地方收取費用，集中資金投入最能贏利的領域。

舉例來說，麥當勞公司就確切地知道它所賺的每一美元是從何而來的。他們通過外賣視窗向開汽車的消費者提供炸薯條和蘋果餅，這樣做絲毫不增加他們的成本，卻為他們帶來了巨額利潤。

作為將來市場競爭中的可能性的成員，在熟悉了商場分析的各個要領之後，經過縝密的思考和判斷，以便深入細緻的發揮。加上考慮進入市場的因素，你就能制定出一定時期內的最佳方案了，於是行銷也就隨之開始了。

心得欄 ------------------------------------

第九章

提高市場佔有率第三招

——選擇優秀的合作夥伴

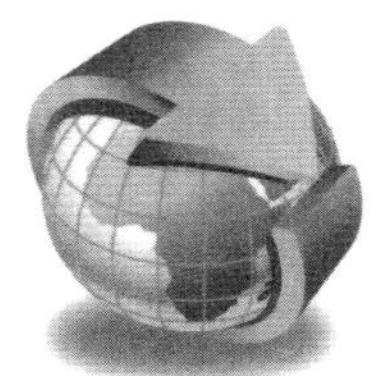

要建立一個良好的終端銷售體系，企業必須首先根據自身的狀況和產品特點，制定終端合作夥伴的選擇標準。所以，提升市場佔有率第三招就是：懂得選擇優秀的合作夥伴。

一、優質終端合作夥伴的選擇標準

要建立一個良好的終端銷售體系，企業必須首先根據自身的狀況和產品特點制定終端合作夥伴的選擇標準。通常，優質的終端合作夥伴應具備以下幾個選擇標準，如圖 9-1 所示。

圖 9-1　優質終端合作夥伴應具備的選擇標準

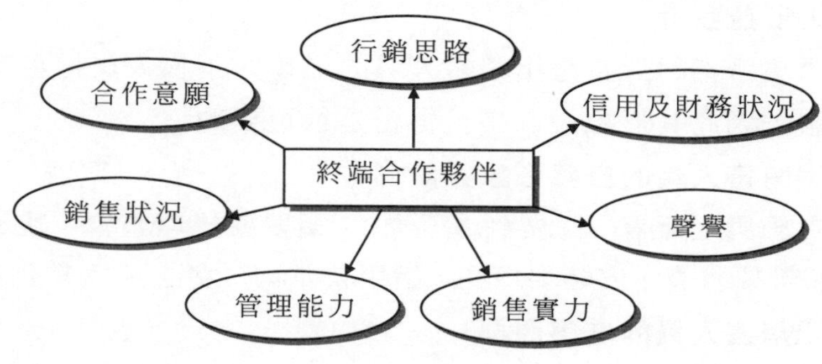

二、優質終端合作夥伴的選擇流程

終端合作夥伴對於企業而言是非常重要的。建立一個強有力的管道網路並非一蹴而就，雙方關係的建立不僅需要雙方的共同努力，對企業來說，還需要有一個優化的流程，如圖 9-2 所示。

圖 9-2　終端合作夥伴的選擇流程

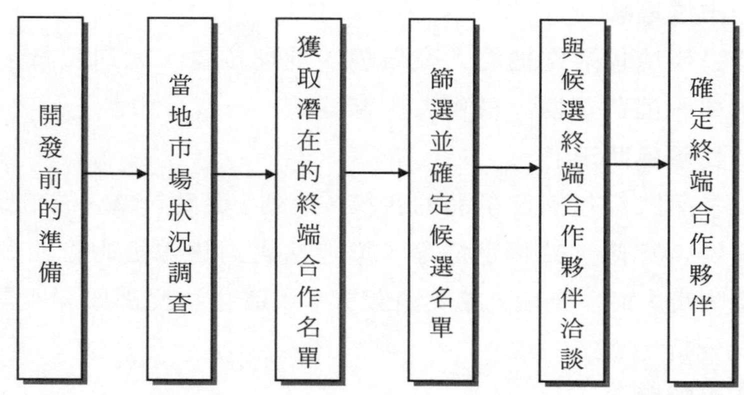

1.開發前的準備

⑴形象設計

這裏所指的形象是指銷售人員的形象。銷售人員是企業形象的縮影，因此其形象設計是否得當是很重要的。

①銷售人員的自我形象設計

對於男士而言，應做到「五要」：頭髮要梳理整齊，鬍子要刮淨，領帶要打直，皮鞋要擦亮，指甲要常剪。女士可適當化淡妝。

②銷售人員的處事原則

遵循「禮在先，贊在前，喜在眉，笑在臉」的處事原則。

⑵資料準備

銷售人員在開發新市場時，應帶齊有關公司的一些資料：如公司的發展簡介，產業結構、產品價格、行銷政策、成功案例的介紹資料，企業和產品宣傳品等資料等。另外，不要忘記隨身攜帶名片。

2.當地市場狀況調查

⑴市場環境

市場環境包括當地的人文環境、地理位置、人口數量、經濟發展水準、消費習慣、廣告力因素等。

⑵競爭品狀況

競爭品狀況包括競爭品的包裝、陳列、促銷行為、價格定位、公關、廣告宣傳、品牌定位等，還包括對銷售隊伍的管理與激勵及管道表現、銷售表現、主要消費群等，這些狀況都要認真記錄、整理、分析。

⑶終端狀況

終端狀況包括終端的類型、數量、分佈、特色、人氣、陳列佈局、店內管理；各類終端消費者的層次、年齡、身份、消費偏好、行為習慣；終端內的各種溝通行為，如店員對消費者的影響、導購對消費者的影響、產品的陳列和促銷對消費者的影響等。詳細記錄觀察結果，並認真進行分析。

⑷主要競爭品或相關產品的經銷狀況

通過直接或間接的方式，瞭解競爭對手的經營戰略，如其競爭品或相關產品的終端市場所經銷的產品類型、代理的品牌種類、經銷的區域範圍、擅長的銷售管道及管理體系、銷售隊伍、資金實力、儲運能力、商業信譽、經營歷史、核心人物的品質如何等。

3.獲取潛在的終端合作夥伴名單

企業若想贏得更多的市場佔有率，除了維持好與老客戶的關係外，還必須不斷開發新市場及新客戶。常見途徑有以下幾種。

⑴廣告

到達一個新市場後，應先看看當地報紙，看看當地電視廣告，聽聽廣播或者到街上走走，或許就能發現同類產品的經銷商名稱。媒體上常有同類產品的廣告，且有「由××公司總經銷、總代理」的字樣，這些都可以為企業選擇終端市場提供大量的資訊。

⑵電話簿

通過查詢當地的電話號碼簿這種途徑，也可以瞭解同行業的企業及分佈狀況。當地比較有經驗、有實力的終端客戶一般都會在當地電話號碼簿上刊登自己的公司名稱、經營範圍，有的甚至還會在電話簿上做廣告宣傳自己的公司。

⑶電話詢問

打電話詢問同類產品企業，說自己想做二級或三級批發商，或是要大量採購。一般情況下，企業都會讓你到當地其終端客戶或是代理商那裏去洽談。

⑷**行業組織**

拜訪當地的行業協會、商會，瞭解同行業的企業及分佈狀況。有的行業協會還有定期的專業出版物、行業商業企業名錄，這些機構和出版物都是獲得終端客戶資訊的重要途徑。

⑸**電子商務**

在當地獲取終端客戶名單還有另外一個更為便捷的方式——通過互聯網。企業人員既可以在互聯網上查詢經銷商的資訊，也可以在互聯網上發佈招聘經銷商的資訊。當然，這種方式主要集中在大中城市。

4.**篩選並確定候選名單**

企業在篩選候選終端合作夥伴時，應根據行業特徵的不同而有不同的側重點。企業可根據自身情況擬訂評估標準，以篩選出合格的終端合作夥伴。具體如表 9-1 所示。

表 9-1　終端客戶選擇表

項目	內容	權數	評估人 1		評估人 2	
			打分	加權分	打分	加權分
總分						

5.**與候選終端合作夥伴洽談**

⑴**準備洽談資料**

洽談之前，要做好充分準備，具體資料主要有以下幾個方面。

・企業資料、產品資料、招商手冊和樣品。

・當地市場運作規劃方案。

・終端合作夥伴可能提出的異議和應對方案。

・規範的經銷合約。

・其他談判所需資料。

・一份有紀念意義的小禮品。

⑵**洽談時的注意事項**

談話時要儘量營造一個輕鬆友好的氣氛。語言要流暢清晰，多談共同點，表情要充滿活力和熱情。要注意儘量避免爭執。

在與候選終端合作夥伴洽談時，從儀表到言談舉止都應顯示出對別人的尊重，顯示出合作的誠意。在討價還價的過程中，一要向對方表示所有承諾都必將兌現，以顯示負責；二要在不違背企業政策的情況下，盡可能多地為對方爭取支援，以顯示自己的關心和誠意。

認真考慮對方的異議，發現關鍵的異議或者異議背後暗示的問題，然後有針對性地制定下一步洽談對策。

要充分考慮對方可能提出的各種合理或無理的要求，並制定相應的應對策略。在洽談時多找共同點，仔細討論異議點。對無理要求應堅決拒絕，並講清理由；對合理要求可以適當讓步，讓對方在談判中找到成就感，同時也可顯示出企業的合作誠意。要讓他感覺到企業帶給他的是利益，而不是風險。所以，洽談前應全面考慮各種市場問題的解決方案。

如果方案能夠贏得對方的認同，並對可能出現的後果提出合理、具體的處理意見，對方就會感覺到合作前景良好，那麼合作自然會取得成功。

6. **確定終端合作夥伴**

通過以上的洽談，選擇並確定可以合作的終端合作夥伴後，再次打電話與其進行溝通和跟進。在跟進過程中，對方可能會提出一些疑問，如產品出現品質問題、企業廣告的投放力度、賣場費用的承擔等。只要對以上的問題給予合理解答，對方可能就基本上確定下來了。然後，通過邀請其到企業參觀考察等方式，進一步掃除其心裏的疑團和障礙，最後與其簽訂經銷協議。

心得欄

第十章

提高市場佔有率第四招——改善業務人員的生產力

每個企業都應該全力以赴，依照企業的銷售目標、市場定位以及產品的特性，積極追求業務員生產力的極大化。只有求得業務人員生產力的極大化，才能更快、更有效地提高市場佔有率。

提到「生產力」這一名詞，許多人會立刻想到以較少的時間或成本製造較多單位的產品，不可置疑，在過去工業工程人員在這方面的努力，已經獲得了許多重大的改變。但迄今大部份的經營者或業務主管，很少對於業務人員的生產力想辦法加以改進。

在工廠方面，生產力的改進是先要設定標準時間，然後配合獎金制度，對於達成標準者給予激勵，所以工作者會努力去超額達成標準，對於這種標準的設定比較客觀且實際，但是業務人員因為所面對的條件不同，這種量的標準很難客觀地加以設定，所以業務主管常為業務人員生產力的改善而大傷腦筋。一般的業務主管都知道成本率(Cost Ratio)的意義及成本和數量的關係，所以知道要改善每位業務員和每個地區的銷售量，以求得單位利潤的提高，但是這種利潤和數量的關係，受到下列因素的影響：

1.通貨膨脹的影響

在通貨膨脹之下，如果要維持一定的成本率，必須要每位業務員的銷貨量比以往多，換句話說，如果要使成本率降低的話，業務人員的業務成長率必定要比通貨膨脹率高。

2.產業的差異

一家公司如果生產不同性質的產品，因為各種產品之間的產品特性不同，所以其成本和數量的關係也不同，每一種產品的業務員的業績加以比較時，不能籠統地比鉸，應該以類似的產品放在一起比較，這樣才有意義。譬如說，你不能將馬達業務員的業績拿來和傢俱業務員的業績做比較。由於銷售和產品環境的差異，所以不同的產業間業務員的業績相差會很大。

3.獲利性的不同

因為各種產品間的獲利性不同，故每一種產品的成本比率也不同，我們不能僅利用全公司的平均成本比率來衡量，所以，如果產品類似時，則全公司的毛利可用衡量，所有業務員的業績，某某業務員業績越好，則對淨利的貢獻越大。

4.業務員的薪資結構

業務員薪資結構的不同，對於成本和數量的關係也會產生不同的影響。普通業務員的薪資結構有三種方式：固定薪資、全部銷售獎金、或是兩種方式的結合，因其薪資是固定或變動，對於成本和數量的關係影響頗大。

我們如果以成本率做為業務員的業績評價，則會受到上述因素的影響，不得不加以注意，所以我們不能用設定標準以求改善生產力的方法應用到業務人員生產力的改善上。

一、銷售管理的問題

因為銷售條件會經常改變，因此業務上常會面臨到如下問題：

1. 銷售費用的上升

因為通貨膨脹的關係，銷售費用上漲得很快，業務員薪資的提高、旅費的上漲等，都足以使推銷費用大幅上漲，所以每個人或每一地區的業務量如果沒有比率上升，公司就會有問題。

2. 市場的改變

市場大小和特性的改變要有不同的推銷方法來應付。例如，以成衣業而言，經濟不景氣之後，擺地攤的販賣方式，便是一種很流行的零售方式，所以銷售路線不得不改弦易轍。

3. 產品的增加

產品增加之後，業務工作變得複雜而重要，因此，經營者必須要專業化，業務研究也就變得更有挑戰性。

4. 銷售路線的改變

銷售路線會因環境的變動而改變，也許以前是最恰當的銷售路線，目前已不適合，如不配合改變，則可能喪失市場地位。例如熱水器和瓦斯爐，以往是採取批發給電器店，現在都需經過瓦斯經銷商的路線。

5. 競爭的環境

市場的成長會吸引新的競爭者，而市場的飽和會構成價格競爭，例如電子計算器的競爭就是非常顯著的例子，小型電子計算器由每台萬餘元跌至目前的數百元，所以業務主管要針對這些競爭問題，未雨綢繆。

以上是列舉銷售管理中經常碰到的一些問題，我們必須針對這些問題，擬定出解決的方案以改進業務人員的生產力。

二、業務員生產力的改進方法

幾乎每家公司對推銷都非常的注意，三類方法，對於業務員生產力能做有效的改進，以供參考。

1. 銷售前線的管理

每一地區內的銷售量是直接和業務員生產力改善有直接關係的，通常銷售大部份都以地區為導向。改善的方法包括：

(1)時間和責任的分析；

(2)顧客和潛在顧客的查核和 ABC 分析；

(3)改變業務員的薪資結構。

時間和責任的分析首先要將銷售工作按機能分成單元(如面對面的直接推銷、等待、旅行和事務工作)，然後將這些單元的時間與成本求出，這是很重要的一項工作，但業務主管經常忽視或未予探討此工作。例如，有一家出版商對其業務員做時間及成本分析，發覺薪水很高的業務員大部份時間是從事送貨的工作。因此，我們得到此種結論之後，可將送貨工作交給薪水較低的人去做，這樣則可以改善業務員的生產力。

另一種銷售前線的基本管理方法是根據顧客或潛在顧客做 ABC 分析。這種方法是分析一個地區的顧客及潛在顧客，然後依照潛在的可能區分為 ABC 三級。A 級是必須花費最多力量去推銷，B 級次之，C 級最少。例如，一位業務員每月最多能訪問推銷 100 次，他可以這樣區分：A 級每月 70 次，B 級 20 次，C 級 10 次，而 C 級可利用電話或寄信推銷。

業務員的薪水結構，對於業務的影響很大，尤其是推銷獎金訂定時，應該特別謹慎。如果採用固定薪水方式，則對於業務員沒有鼓勵，業績好壞跟他的薪水沒有直接關係時，則會有不積極的態度出現，結果和公務員一樣，只有消磨時間度日子。如果全部採取推銷獎金的方法，則彈性太大，淡旺季時，業務員收入差距頗大，影響到他的生活，所以一般都採取一部份是固定薪水，一部份是獎金的方式，但其比率一定要有獎勵性才可以。如果採取不同產品的獎金不同，對於利潤較大的產品，獎金較為優厚時，則可收到增加獲利多產品銷貨增加的利益。

有些公司對於業務員要求要回款才有獎金，如果貨款被倒帳，則由經手業務員負責，這種做法會影響到業務員的積極性。比較折中的做法是制訂一呆帳百分比，超過這一百分比，按一定比率扣業務員獎金，未超過這一比率則由公司負擔。這樣一方面顧到銷售目標的達成，另一方面可以兼顧收款目標的達成。

2.工作的專門化和工作的簡單化

推銷工作逐漸複雜而費錢的情況之下，推銷工作不是努力就好，而是要做得好而精。當推銷人員增加時，成本和效率的利益則需要工作的專門化和工作的簡單化。這種生產力的改善方法必須經由銷售前線管理和公司目標及管理方式的共同改變來達成。

工作的專門化可以利用市場或產品的方法來達成。例如按照消費市場或資本市場來區分，或是將馬達和冰箱的推銷分別由專人來負責，當某一地區是這樣做，但遇有新產品上市時，可以組成一機動小組來幫助開拓市場。另外一種做法則是按產業區分而使工作專門化，例如 IBM 是按銀行、保險、零售和批發來做區分，這樣可使每人的推銷力量集中以收到業績的提高。

除此之外，對於業務人員的生產力的改進不可以改變銷售工作的內容而獲得，這種方法通常是將耗費較昂貴的推銷方法用到收效較高的地方去，而價值較低或費時的工作用較便宜的方法。例如，我們分析顧客的訂貨，如果是經常訂貨而每次訂貨額很低時，則不必派專人去推銷訪問，可代之以電話或郵寄的方式來推銷，而推銷人員則可全力去爭取金額較大的訂貨，所以業務人員應專心去爭取業績，其他的工作可由專門人員代勞，例如服務和技術的問題，可由服務人員和技術人員的配合而獲得更好的效率。

經營者應該知道，好的業務人才難求，而業務人員的待遇要高，才能吸引優秀的人才，所以這些人的推銷潛能要好好加以活用，絕對不可使業務人員身兼數職，最後弄得不能發揮他的特長。

3. 一般銷售管理

因為公司的決策會影響到推銷員的生產力，所以在公司一般的銷售管理上如果能做得很健全，則銷售地區的管理也可以達到最完美的地步，這些因素包括：

⑴動態且最新的組織結構；

⑵良好的計劃；

⑶銷售地區的潛能和顧客獲利性的分析。

公司如果想提高業務員的生產力或降低推銷費用，可以將業務的組織加以重組，這種重組必須在市場的需求發生變化時，就要將組織改變，由此可以使得業務人員能夠適時地滿足需要的改變，從而提高了生產力，並且降低了推銷費用。例如，原按地區的組織可改為按企業組級，以加強對顧客的服務。

公司的目標和政策如果沒有充分地計劃，則銷售地區的改善計劃也無法訂定，所以公司的業務單位一定要有充分的分析，擬訂各種激勵方案，引導業務員朝著預定的目標邁進，如此，有好的行銷計劃，才能獲得良好的業績。

最後，就是公司要有充分的情報分析，有兩種最重要的分析，一種是某一地區銷售潛能的分析，另一種是顧客獲利性的分析。雖然在銷售前線的顧客和潛在顧客的分析是一種很有價值的推銷工具，但是錯誤很大，業務員往往只站在自己的立場來考慮，因此，公司方面要根據內、外部的情報再加以分析，校正業務員分析的錯誤，以求得潛力最大的地區，集中全力去推銷。

業務員做顧客的 ABC 等級分析時，決定各種等級的重要標準是銷售的潛能，這需要藉助公司或其他機構所做的市場研究資料，才能獲得很正確的分析，但是這種分析並不能確定那種顧客獲利最大，而必須藉助會計部門的情報來決定顧客的獲利性資料來做分析。因為如果銷貨潛能列為 A 級的顧客，但獲利性分析的結果是虧損，則去掉這種顧客反而使業務員的生產力獲得改善。

三、業務稽核

必須不斷地提出新的改善方案來促使業務員的生產力不斷地提高。在這種生產力改善的變動機會下，最好能由公司內部人員組成一機動小組，或是由公司外部的顧問公司，或是一部份由內部人員，一部份由外部公司人員組成一小組來對業務能力做一廣泛的稽核。最後一種方法最確實有效，這種稽核包括下列步驟：

1. 確定行銷工作大綱

這階段包括確定公司目標、政策、銷售地位、銷售組織、銷售地區、業績、成本和利潤等，這是建立改善生產力的基礎。

2. 訂定銷售機能

這是按照公司目標和市場需要以及目前的實際情形，劃分出銷售前線工作的主要機能。這些機能可以包括計劃、旅行、等待、訪問推銷、服務和事務工作。

3. 評價效率

根據公司目標、市場需要和競爭情形來評價業務員的效率。

4. 分析銷售配置

按照地理分析、銷售潛能、銷售目標和業務員的工作負荷來分析目前銷售區域的特性和劃分的合理性。

5. 檢討情報制度

看情報是否充分、是否能超速地傳給業務主管，並能提供做為業績衡量之用。

6. 評價銷售管理

評價銷售前線的組織、人員的效率、薪資結構等等。

7. 列出改善方案的順序

經過分析之後，找出改善的機會，列出優先順序。

8. 擬訂執行計劃

按照改善的機會列出執行計劃、確定責任、安排日程、設定監督程序。業務人員生產力的改善機會是多而實際的，所以公司應該全力以赴，依照自己公司的目標、市場地位以及產品特性，求得業務員生產力的極大化。

第十一章

提高市場佔有率第五招
——擁有高績效銷售團隊

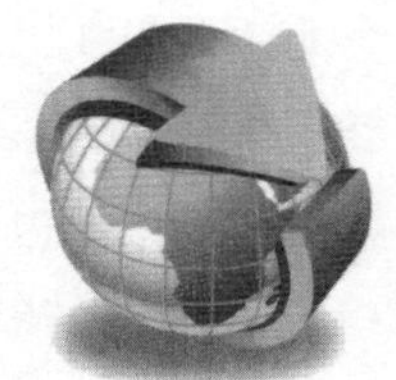

銷售是企業的重要組成部份，其團隊的建設和管理，是企業最為關注的事情。因此，提高市場佔有率的第五招，就是擁有高績效銷售團隊，這是每個企業都孜孜以求的目標。

一、銷售團隊的組建

銷售是現代企業的重要組成部份，銷售團隊的建設和管理是企業最為關注的事情。因此，打造一支信譽度好，忠誠度高，能與企業「同心同德」、「生死與共」的銷售團隊，是各個企業孜孜以求的目標。

步驟一：規劃銷售隊伍的規模

銷售代表是企業極具生產力和最寶貴的資產之一。

銷售代表人數的增加會導致銷售量和成本同時增加。一旦確定了銷售代表的數目後，就可以用「工作量法」來確定銷售隊伍的規模。

⑴按照年銷售量將客戶分成不同的類型。

⑵確定每類客戶所需的訪問次數(對每個客戶每年的推銷訪問次數)，這反映了與競爭對手相比要達到的訪問密度是多大。

⑶每一類客戶數乘以各自所需的訪問次數，便是整個地區的訪問工作量，即每年的銷售訪問次數。

⑷確定一個銷售代表每年可進行的平均訪問次數。

將總的年訪問次數除以每個銷售代表的平均年訪問次數，即得到所需的銷售代表數量。即：銷售代表數量=總的年訪問次數÷每個銷售人員平均年訪問次數

例如，估計某區域內有 100 個 A 類客戶和 300 個 B 類客戶。A 類客戶一年需要訪 36 次，B 類客戶一年需要訪問 12 次。這就意味著企業在該區域每年需要進行 7200 次訪問。假設每名銷售代表平均每年可以做 120 次訪問，那麼該地區需要 60 名專職銷售代表。即：7200÷120=60（名）

步驟二：組建銷售隊伍

要建立一支優秀的銷售隊伍，使之在終端銷售中實現利潤，就要求企業在建立銷售隊伍之前，必須首先弄清：該市場、該區域的銷售網路情況及銷售優勢；產品或者品牌對於網路開發提出怎樣的要求，需要建立怎樣的配套隊伍來適應網路開發的需要；需要應用何種方式和分銷商、批發商、零售商進行全面溝通，以確保終端管理的精細和嚴密；建立這樣的銷售隊伍將產生多大的投入以及將產生怎樣的預期效應等。這些問題在得到確認之後，

就應據此擬訂出明確的方案。

如果企業的消費品品牌在經營範圍內並沒有競爭對手，那麼企業就可以在銷售隊伍建立的前期給銷售人員一定的補貼，以提高在區域市場建立專業隊伍的積極性，減少後期投入。

從組織、管理銷售隊伍的過程以及區域市場終端銷售的實際需求來看，終端銷售隊伍的建立涉及以下幾方面的內容：

⑴**組織結構建立**

組織結構建立的核心是，讓銷售隊伍能夠對各類終端做出迅速的反應，能夠及時、準確地保證本企業品牌在終端中的優勢地位，能夠迅速地實施各種促銷計劃，並在執行的各環節得到良好的監控。那麼，是承包制，還是經理負責制？是在不同的區域設立不同的管理小組，還是統一進行組織管理？等等這些問題，都必須在銷售隊伍組建前考慮。

⑵**找到優秀主管**

銷售主管是經銷商銷售隊伍組織管理的關鍵。一名優秀主管在日常工作中能夠更好地理解區域市場，對企業的品牌管理、行銷方案理解得更為透徹，從而在實際工作中演化為具體的執行細則；能有效地分解各項任務和指標，並注重各項任務、指標的考核和評估。這將對終端市場產生重大的影響。

銷售人員的數量是依據市場網路的實際情況以及市場發展的實際情況來確定的。銷售人員的數量不在多，而在於精幹，並且具備良好的執行能力。

⑶**選聘合適的人員**

企業在招聘銷售人員時，如果只是憑感覺，而不是根據企業特定的需求來設定銷售特質的話，選聘的人員往往不能給企業的銷售帶來多大起色。

⑷**制定完善的制度**

優秀、高效的行銷團隊的建設，離不開相對完善的企業制度。這裏所指的企業制度，不僅是指企業的各種相對於企業員工的管理制度即「母法」，還有專門針對行銷人員的現狀和實際，結合企業相關的規章制度，制定的一系列切實有效的管理「子法」，具體包括以下幾種：

例如，擬訂《行銷人員日常行為規範及管理規定》，從行銷人員的精神風貌、服飾儀容、舉止談吐，到出勤規定、請休假規定、市場操行規定、保密制度、會議制度等方面進行具體規定，從「無形」到「有形」，從形式到書面，不但全面、井然有序，而且還弘揚了企業規範管理的文化，約束了個別行銷員的「不自律」行為。

在此規範和規定的基礎上，還可制定《行銷人員量化考核規定》、《行銷人員績效管理制度》等一系列行銷規範，這樣更貼近實際。從行銷層面上對行銷人員的量化考核、績效管理等方面進行具體的要求，並嚴格付諸實施，保障企業行銷工作有「章」可循，有「法」可依。

「無情的制度，有情的管理」，是企業管理行銷人員的主要原則。制度是手段，而不是目的。對違「規」人員，不僅要遵「章」處罰，更重要的是要曉之以理、動之以情，彰顯人性化，深刻探究原因，使其不至於再犯。

制度的關鍵在於執行。在企業行銷部，上至總監、區域經理，下至片區主管、行銷代表，任何人員違「法」，都將受到處罰。

二、銷售人員的培訓

銷售人員只有經過培訓，其銷售能力才能得到提高，企業的銷售目標才能順利達成。

不論銷售人員的工作時間長還是短，他們都需要接受培訓。因為市場、人員、條件、環境等因素都在不斷變化，銷售人員也必須順應時勢，跟上形勢。

企業在對銷售人員進行培訓時，可從以下幾個層面入手。

1. 層面一：制定培訓目標

⑴要讓銷售人員瞭解企業的歷史以及現在與未來的目標；瞭解企業的組織機構設置和各級別管理者的許可權；瞭解企業主要負責人、企業財務狀況和企業的主要產品及品牌構成。

⑵銷售人員應瞭解企業的產品，包括產品製造過程及各種用途。

⑶銷售人員應瞭解消費者、競爭對手的特點。與企業產品相對應的消費者需求、購買動機和購買習慣，瞭解競爭對手的銷售策略。

⑷銷售人員需要進行有效的推銷展示，瞭解推銷術的基本原理。此外，企業還應為每種產品概括出推銷要點，提供推銷說明。

⑸銷售人員需要理解實地工作的程序，要懂得怎樣在現有客戶和潛在客戶中合理分配時間、支配費用等；瞭解如何撰寫報告、擬訂有效推銷路線等。

2. 層面二：瞭解培訓程序

行銷人員的培訓程序如圖 11-1 所示。

圖 11-1 行銷人員的培訓程序

需求分析 →

在不同的情況下，各企業都有自身的具體目標，所以，培訓工作必須針對企業的需求，進行以下三個方面的分析。

1.組織分析

培訓課程必須符合企業發展策略和組織目標。

2.工作分析

根據當前的銷售工作重點和工作狀況制定出適合其工作的培訓計劃。

3.人員分析

不同的銷售人員其能力是不一樣的，自身素質和接受新知識的程度也不一樣。

↓

培訓計畫 →

1.培訓計畫的目的

發揮銷售人員的天賦和能力；有效縮短完成任務的時間；增加客戶對企業的信任感；精練銷售人員的工作方法；改善銷售人員的工作態度；提高銷售人員的工作熱情。

2.培訓內容

(1)有關產品介紹：產品組成、產品品質、製造方法、包裝情況、產品用途、售後服務情況、產品的差異性等。

(2)產品推銷的基本技能。

(3)有效的推銷指導：如何注意儀表態度、如何發揚服務精神、如何應付反對意見、如何更新推銷知識、如何利用實物說明、如何爭取客戶好感、如何檢查庫存商品、如何堅定推銷信心、如何獲得推銷經驗、如何克服推銷困難、如何進行自我管理等。

3. 層面三：培訓銷售技巧

(1)調查

①瞭解區域內的行業狀況。

②瞭解區域內客戶對商品使用狀況。

③瞭解區域內的競爭狀況。

⑵**尋找準客戶**

①找出準客戶。例如，可通過上街拜訪、參考同業協會名錄、借助報紙(雜誌)、借鑑前任銷售代表的銷售記錄等途徑確定潛在的客戶對象等。

②調查準客戶的資料。要盡可能瞭解準客戶的關鍵人物(關鍵人物是指掌握著資金、有決定權、有需要的人，他們是銷售人員最重要的訴求對象)的狀況。

③進行事先調查。例如，通過向同事、朋友打聽，查閱客戶履歷等方式，進行事先調查，為日後的推銷成功奠定基礎。

⑶**明確拜訪目的**

①瞭解客戶的現狀。

②引起客戶的興趣。

③介紹自己的企業和產品。

④提供一些資料，如樣品、產品簡介等。

⑤要求客戶同意進行更進一步的調查工作，以製作建議書。

⑥建立人際關係。

⑦邀請客戶參觀企業。

⑷**推銷計劃**

合理有效的行動，通常是按照計劃→執行→檢查的過程進行，推銷也不例外。當然，銷售人員在制定推銷計劃前，要考慮三個因素：接觸客戶時間極大化；目標；達成目標所需的資源。

⑸**電話接近技巧**

①電話推銷最常利用的時機

・預約與關鍵人士會面的時間。

・直接信函前的提示。

・直接信函後的跟進。

②電話準備的技巧

打電話之前必須準備的資訊包括：準客戶的姓名、職稱；企業名稱及營業性質；打電話給準客戶的理由；要說的內容；準客戶可能會提出來的問題；如何應對客戶的拒絕等。

③電話接通後的技巧

一般而言，第一個接通電話的是總機，銷售人員要有禮貌地用堅定的語氣說出要找的準客戶的姓名。接下來接聽電話的可能是秘書，秘書接電話一般起過濾作用，他們會回絕那些看來對老闆們不重要的電話。因此，銷售人員必須簡短地介紹自己，要讓秘書感覺到自己要和老闆談論的事情是很重要的。

④引起興趣的技巧

當準客戶接聽電話時，銷售人員在簡短、有禮貌地介紹自己後，應在最短的時間內引起準客戶的興趣。

⑤訴說電話拜訪理由的技巧

依據銷售人員事前的準備資料，對不同的準客戶應該有不同的拜訪理由。

⑥結束電話的技巧

切記，電話不適合用於推銷、說明任何複雜的產品。因為銷售人員無法從客戶的表情、舉止來判斷他的反應，並且也無「見面三分情」的優勢，很容易遭到拒絕。因此，銷售人員必須有效地運用電話拜訪的技巧，在達到目的後(如約會時間、寄發資料等單純的目的)，立刻結束電話交談。

⑹直接拜訪接近技巧

①面對接待員的技巧

・銷售人員要用堅定、清晰的話語告訴接待員自己的意圖。需要注意的是：第一，銷售人員必須面帶笑容，但要不卑不亢；第二，想辦法弄清楚拜訪對象的姓名。

・和拜訪對象完成談話離開企業時，一定要與接待員打招呼；同時請教他的姓名，以便下次見面時能叫出他的名字。

②面對秘書的技巧

・向秘書介紹自己，並說明來意。

・秘書向關鍵人士轉達銷售人員的來意及處理可能狀況。

③會見關鍵人士的技巧

・接近話語的技巧。

・結束談話後的告辭技巧。例如，謝謝對方抽時間來會談；提醒會談要點，以備下次再談；退出門前，輕輕地向對方點頭示意，面對對方將門輕輕關上；與秘書和接待員打招呼。

4.層面四：培訓商品知識

⑴學習商品知識

可以從商品知識、訴求重點兩方面著手學習和瞭解商品知識。

①商品知識

這裏的商品知識是指銷售一件商品所需要的各種知識。銷售人員所需要的商品知識，可以從五個方面去瞭解、學習。

・商品的性能、品質、材質、特點、製造方法、重要零件、附屬品、規格、改良之處及擁有的專利等。

・商品的設計風格、色彩、流行性、前衛性等。

・商品的使用方法，如用途、操作方法、安全設計、使用時的注意事項及提供的服務體制等。

- 商品的交易條件，包括價格方式、價格條件、交易條件、物流狀況、保證年限、維修條件、購買程序等。
- 商品的週邊知識。例如，與競爭產品比較，市場行情的變動狀況，市場的交易習慣，客戶的關心之處，法律、法規等的規定事項。

②訴求重點

要想有效地說服客戶，銷售人員除了不斷地充實商品知識外，還要明確把握商品的訴求重點。有效、確實的訴求重點有賴於銷售人員平時對各項情報的收集與整理。

⑵**運用商品知識**

隨著人們商品意識、消費意識的逐步增強，人們對商品的瞭解也越來越專業化。這就要求銷售人員具備有關產品的專業知識，成為客戶諮詢的權威人士，以便消除客戶心中的疑慮，幫助其更好地瞭解產品。所以，銷售人員應掌握以下幾個方面內容。

- 瞭解商品的構造和技術性能。
- 熟知商品的使用方法。
- 熟知商品的耐用程度和保養措施。
- 熟悉特殊商品的與眾不同之處。

三、銷售人員的管理

「好的企業滿足需求，優秀的企業創造市場。」市場的領先者地位通常是通過預見新產品、新服務、新的生活方式及提高銷售人員的管理來獲取的。

由於銷售工作的特殊性，銷售人員需要日復一日地往返於固定的零售終端之間，很容易產生厭倦情緒，甚至喪失工作興趣。另外，若企業對銷售人員的管理失控，也會出現消極怠工、自由散漫等工作情形。這樣不僅會讓終端管理流於形式，而且將嚴重影響到整個銷售團隊的士氣。因此，企業對終端工作人員的有效管理是零售終端管理中的首要環節。

對銷售人員的管理主要從以下幾個方面著手：

1. 環節一：會議管理

銷售人員的會議種類一般包括每日晨會、每週例會、每月總結會。當然，不同的行銷團隊會有不同的會議週期和會議類別。

例如，某保健品公司的行銷團隊就推行了「日清日高、週報週訓、月月推進」的會議管理制度。

⑴**會議管理的內容**

①團隊成員總結上階段的工作執行情況，計劃下階段的工作目標及內容，並提出工作中存在的問題。

②團隊領導對上階段行銷工作做出整體分析與點評，並對下階段的行銷工作做出安排。

③公佈團隊成員上階段業績，獎勵工作先進者並向落後者提出整改建議。

④開展行銷專題討論或培訓，幫助團隊成員提升技能、調整心態，激勵整個團隊的士氣。

⑵**會議管理的注意要點**

①會議是讓人提出問題、分析問題並解決問題的，並不是給人提供訴苦的機會。

②要有明確的主題，不要漫無邊際；要能得出統一的結論，

不要紙上談兵。

③開會時不得出現成員缺席、遲到等現象，會議紀律要嚴肅。

2. 環節二：報表管理

嚴格的報表制度，可以使終端銷售人員產生壓力，督促他們克服惰性，令其做事有目標、有計劃、有規則。運用工作報表追蹤終端銷售人員的工作情況，是規範終端銷售人員行為的一種行之有效的方法。

⑴常用行銷報表

①工作彙報表，如工作日報表、週報表、月報表等。該類報表的主要內容通常包括：彙報人的送貨結款情況、市場訊息回饋、客戶及銷售人員的建議等。

②貨款出納匯總登記表。這主要是團隊成員具體針對某一階段的貨物配送、款項回籠情況，進行數據統計的報表，主要用於應收賬款的監控。

③客戶檔案表。這是團隊成員通過詳細、適時、真實的調查後，針對自己的工作對象分門別類地建立起的報表，其內容除了客戶名稱、地址、聯繫人、電話這些最基本的資訊之外，還應包括它的經營特色、行業地位和影響力、分銷能力、資金實力、商業信譽、與本企業的合作意向等這些更為深層次的因素。

⑵報表運用時的注意事項

①報表所填寫內容必須真實。這就要求團隊成員的各項工作必須深入實際，那些為了應付檢查而閉門造車或胡編亂造的做法是不可取的。

②對已建立的報表，特別是檔案類的報表，要進行動態管理。建立報表檔案並不是一項一勞永逸的工作，在開拓市場之初填完

一張表後就讓它在文件櫃裏閒置，這樣的工作報表對銷售工作毫無幫助。團隊成員需要通過高頻率的拜訪，及時獲悉客戶、市場各方面的變更和變動資訊，將對應的報表資訊內容更新，做到與市場和客戶的實際情況相吻合。

③銷售主管必須親自參加到一些抽查、回訪等活動中去，因為如果只「通過報表看市場」，這樣經營市場是可怕的。

3. 環節三：績效考核

「不患寡，而患不均」，此為古人的分配意識，引用到現代行銷的激勵考核上就應該是「不怕不均，就怕不公」。打造優秀、高效的銷售團隊，不僅考核要公平，更重要的是考核要體現多樣化。

⑴**執行力打造**

若想有效提高銷售團隊的執行力，銷售部就應制定專門的企劃方案。例如，從產品的雙向選擇，到上市籌備；從終端推廣，到鋪市率的最低要求；從促銷費用的使用，到市場的統一操作等，都用報表的形式進行規範而具體的要求，並派出人員進行檢查，發現問題，並就地處理，保證「政令」的暢通無阻。只有這樣，才能讓企業的行銷策略深入貫徹和落實。

⑵**績效管理**

銷售人員作為連接企業和終端合作夥伴之間的紐帶，在市場運作、資訊溝通、情感交流等方面，都具有不可替代的作用。但如何擺正廠家和經銷商之間的利益關係，使之既不「偏袒」客戶，維護公司利益，又能充分利用廠家資源，從而有利於客戶的「盈利」，已成為困擾很多企業發展的「老大難」問題。有很多銷售人員為了單純地要銷量、掙提成，大肆「犧牲」企業利益，甚至讓企業「賠錢賺吆喝」。

要想改變這種狀況，就得制定績效考核管理細則，從政策的使用到促銷的設定，全部公開化，並要求做市場不僅要有「績」，更要有「效」。這樣，不僅讓銷售人員的「主人翁」精神立即得到體現，企業也會很快扭轉不利的被動局面。

⑶**量化管理**

企業要想充分調動銷售人員的主觀能動性，則應從進行量化規定和考核開始。因為這樣，可促使銷售人員「人人攀比」，化壓力為動力，使其能力得到超常的發揮。

此外，還可對銷售人員的日報表、市場訊息回饋表、鋪貨日報表等諸多內容進行量化考核，並做到獎罰分明。

考核的目的就是銷售促進。通過考核，銷售人員明白了什麼不該做、什麼應該做、應該怎樣做、應該如何做等問題。方向和思路明確了，銷量問題就會迎刃而解。

銷售人員的積極性要想被最大限度地調動起來，關鍵是行銷團隊內部要善於「蓄勢」、「借勢」和「造勢」，營造人人爭先、人人趕超的氣氛和熱潮。

4.**環節四：終端協調**

企業對終端銷售人員所反映的問題，一定要給予高度重視，摸清情況後盡力解決。這樣既可體現終端銷售人員的價值，增強其歸屬感、認同感，又可提高其工作積極性。與此同時，要鼓勵他們更深入、全面地思考問題，培養其自信心。

四、利用早會強調達成計劃之意識

雖然擬定了計劃，但是對達成程度的審查太過鬆懈的公司及推銷員很多，因此建議你利用早會時間強調任務。並製作「銷售目標管理表」，確實審查必可奏效。

1.比較計劃與實績的差距

推銷活動雖然完全按計劃進行，但是每週(每十天)或每個月，仍要定期定比較計劃與實績的差距情形，如果實績真如計劃中所預測當然沒問題，但是如果二者相差 10%以上的差距時，就必須整個重新檢討了。

2.追究未達成的原因

如果沒有按計劃達成目標，當然一定要找出未達目標的原因，尤其是差距過大時，要找出原因並排除阻礙，甚至修正計劃。

同時還得判斷所追究出來使目標額無法達成的原因，是否容易消除，或者這種實績與計劃之差額，是否為容許範圍內的標準差。

3.半個月即達目標之 80%的詳細管理法

整個月的銷售配額要適當控制，不能漫無目的地任意執行，若在月中就能夠達成 80%的目標額，那麼到了下旬時必能提前完成整個月的預測成績。因此，每星期、每十天或每個月都必須按商品別、顧客別的達成程度，一一審查。

4.靈活併用頭腦及行動

銷售活動時，不能只是一股腦地衝出去，也不能光靠腦子的推算，實際行動時一定要頭手併用，才能確實達到目標。

表 11-2　日別、旬別的銷售管理表

星期		營業實績	累積營業實績	達成率	備註
上旬目標					
	星期				
1 日					
2 日					
3 日					
……					
10 日					
中旬目標					
1 日					
2 日					
3 日					
……					
10 日					
中旬目標					
1 日					
2 日					
3 日					
……					
10 日					

(1)營業實績欄中有→記號處應記入該旬目標。

(2) 欄中記入該旬實績累計及達成率。

(3)達成率 $= \frac{\text{該旬累計營業實績}}{\text{該旬目標營業額}}$

部門（負責）　　決定：　　檢查：　　作成：

第十二章

提高市場佔有率第六招

——產品要宣傳

提高市場佔有率第六招：產品要宣傳。企業要讓產品更具有吸引力，就必須做宣傳工作。在販賣點加以陳列，提高產品品牌知名度，來獲取客戶對產品的正面評價。

一、良好的品牌策略

品牌就是客戶對企業或產品的評價。企業制定良好的品牌策略要從以下幾個策略來著手。

1. **策略一：品牌定位**

品牌定位的成功常常會帶來同一品牌下所有產品的成功。

某公司以羊毛衫、羊絨衫成功地塑造其品牌形象，之後的羊絨、羊毛圍巾以及羊絨、羊毛家居用品，也會充分利用這個成功的品牌，分享其品牌價值。

企業通常會利用擴展產品線，充分發揮品牌定位成功形成的巨大品牌價值。品牌為了彰顯個性化，往往會從多方面強調自己的優勢或者與眾不同之處。一般來說，主要有以下幾種策略可以選擇。

⑴**屬性定位**

屬性定位即根據產品的某項特色來定位。如雷達錶宣傳它「永不磨損」的品質特色。

⑵**利益定位**

根據產品帶給消費者的某項特殊利益定位。如高露潔突出「沒有蛀牙」的功效。

⑶**使用者定位**

這是把產品和特定消費群聯繫起來的定位策略，它試圖讓消費者對產品產生一種量身定造的感覺。

⑷**競爭者定位**

以某知名度較高的競爭品牌為參考來定位，在消費者心目中佔據明確的位置。

⑸**品質價格組合定位**

例如，家電產品定位於高價格、高品質，某超市定位於「天天平價，絕無假貨」。

⑹**生活方式定位**

這是將品牌人格化，把品牌當做一個人，賦予其與目標消費群十分相似的個性。例如：「×××，白領的消費時尚」

2.**策略二：品牌命名**

品牌名尤其是大眾消費品的品牌名，其創意必須符合消費者的認知與欣賞習慣。不同層次、不同文化背景的人都有其不同的喜好，所以一定要根據企業自身的產品定位和市場消費定位來命名。

⑴妙用人名、地名

在煙酒等產品中，以人名、地名命名的現象非常普遍，如台灣啤酒等。它的優點是在以地名所標示的行政區域具有很強的親和力。但缺點同樣很明顯，在外地消費者看來，這些產品都是外地的，絲毫沒有好感甚至還會產生抵觸情緒，因此不利於品牌的大範圍推廣。

很多國際性的品牌都與其創始人的姓名有關。例如，美能達大米，取自大米豐收之時的一句日本警句。MINOLTA 表示人們的一種心情，TA 是指稻田。選用 TA 的另一層意思與公司的創始人田島(Tashima)的名字有關，在公司裏，職員都稱呼田島先生為 T 先生。

⑵借用典故

鄭板橋的一句「難得糊塗」被精明的商家所利用。作為白酒品牌，「糊塗」二字可謂入木三分。於是，「小糊塗仙」白酒的成功自然是水到渠成。

⑶表明特色

同樣是在白酒行業，中國的「寧夏枸杞酒」這一品牌就把酒的產地以及特色表明得清清楚楚。消費者的第一感覺是寧夏盛產枸杞，枸杞有益於身體健康。如此一想，「寧夏枸杞酒」自然會有不錯的美譽度。但這種方法很容易被人模仿，因此，做好知識產權保護勢在必行。

⑷**借用數字**

數字在生活中最為常用，因此，以數字作為品牌可使消費者耳熟能詳。它的另外一個優點是跨文化性、跨地區性。其中最著名的當屬「999」品牌，不管是在繁華的大都市還是在偏遠的鄉村小鎮，消費者都很容易接受並記住它。

⑸**情感訴求**

這是最為常用的品牌命名方法。

例如，「遠大冷氣機」，單從品牌名就知道該企業志向遠大。

世界著名的宏(Acer)電腦在 1976 年創業時的英文名稱叫做 Multitech，經過十年的努力，Muhitech 剛剛在國際市場上小有名氣，卻被一家美國電腦廠指控宏侵犯該公司商標權。前功盡棄的宏只好另起爐灶，前後花去近 100 萬美元，委派著名廣告商奧美進行更改品牌名稱的工作。花了幾個月的時間，最終他們選定 Acer 這個名字。與 Muhitech 相比，顯然 Acer 更具個性和商標保護力，同時深具全球的通用性。它的優點在於：蘊涵意義(Ace 有優秀、傑出的含義)，富有聯想(源於拉丁文的 Acer 代表鮮明、活潑、敏銳，有洞察力)，易讀、易記。

⑹**突出功效**

韓國起亞公司生產的一款新車，它原來的名字是 ACCENT。在中國本土生產前，它的中文名是「雅紳」。然而，無論是 ACCENT 還是「雅紳」，始終未能在本土市場產生較大的影響。

情急之下，公司提出了「千里馬」這個新名稱。新車上市之後，「千里馬」果然成績斐然。「千里馬」的概念類同於「寶馬」，品牌名稱強烈地突出了該產品優良的功效。類似的功效取名法還有美加淨(香皂)、舒膚佳(香皂)、汰漬(洗衣粉)、護舒寶(衛生巾）、固特異（輪胎）等。

⑺**奇思妙想**

當企業在不知道自己的品牌是否有相同類型，是否會構成侵權時，不妨使用這種方法。它是企業虛構出來的一個現實生活中不存在的詞或字。特別是那些大企業在最初走向全球時，很可能會遇到這個問題。SONY的命名就是一個很好的例子。

1953年，日本新力公司創始人盛田昭夫在一次出國考察時，發現他們放在產品上的公司全名「東京通信工業公司」(1958年正式改名新力公司)比較拗口，讀起來像繞口令。當他在美國視察時，發現當地人根本讀不出這個名稱。為此，盛田昭夫考慮，應該想出一個獨特的品牌名稱，讓別人一眼就能認出他們的產品。

為此，盛田昭夫和井深大研究了很久，決定只要一個簡短的四五個字母的名字，不要另外設計商標。因為消費者一般都不會去記住一個設計不良的商標，所以，名字就是商標。新名字必須讓全世界每個人都能認出來，讓不同語言的人都能讀出來。

盛田昭夫和井深大常常在一起翻字典，希望能找到一個讀起來順口、響亮的名字。有一天，他們翻到一個拉丁字 Sonus，意為「聲音」，聽起來很有音感，剛好同該公司從事的行業關係密切。於是，他們開始在這個字上做文章。當時，日本已開始比較廣泛地使用英語了，將可愛的小男孩稱為 Sonny。與之相近的其他單詞，不管是 Sonny 或者 Sunny(陽光普照)，都有樂觀、光明、積極的含義，這點非常符合他們公司的形象。但美中不足的是，Sonny 讀起來與日本字「輸錢」諧音，有些「觸黴頭」。後來，盛田昭夫靈機一動，去掉一個「n」，拼成「Sony」。這就是 SONY 的由來。

3. **策略三：品牌傳播**

⑴**敢做第一**

大家都知道甲醛有害健康，但有的啤酒生產企業為了控制成本，往往將甲醛作為穩定劑。早在幾年前，就有權威專家提出過應制止這種做法的方案，但啤酒企業都不約而同地表現出緘默。

後來，金威首先曝出啤酒業甲醛內幕，隨即打出「金威不含甲醛」的口號。此後，業界紛紛跟進，連啤酒業霸主也公開表示，其在啤酒生產中早已不添加甲醛。此事後，金威的市場銷量一路上揚，很多不知所措的消費者紛紛轉投「金威」的懷抱，「金威」因此成功地完成了它的「圈地運動」。隨著媒體的炒作，金威品牌的知名度和美譽度大幅度提升。

⑵**挑戰領袖**

名牌在一般消費者心目中，往往佔有很高的地位。在消費者看來，領導品牌的企業一般都實力雄厚，能夠挑戰名牌的企業，必然有其過人之處。正是基於消費者這一心理特徵，許多企業果斷地向行業領導品牌發起挑戰，使自己獲得了與領導品牌企業平起平坐的資格。

當然，在向名牌企業實施挑戰策略時，必須注重方法和技巧；此外，還要在分析領導品牌的前提下，制定差異化策略。

⑶**迅速控制**

2001 年，多家飲用水企業如娃哈哈、樂百氏等，在媒體上挑起了「水種之爭」。一時間，社會上廣泛討論「純淨水、礦泉水孰優孰劣」。正在難分伯仲之際，2001 年 5 月，農夫山泉單方面在電視台黃金時段宣佈：「農夫山泉停止生產純淨水」。

這一公告立即引起了社會的廣泛討論和其他企業的攻擊，甚至涉及農夫山泉的企業間峰會、官司等協調過程都成了新聞追蹤報導的焦點。對此，農夫山泉並沒有過多的回應，而是用一系列策劃方案有針對性地詮釋了「農夫山泉是健康水」的賣點。農夫山泉先後推出了在全國大城市的中小學開展「小小科學家」水種比較實驗，贊助中國奧運體育代表團等一系列促銷活動。

由於人們對新事件的看法不一，以及競爭對手的反應、對策以及媒體報導方向等因素，新奇事件一旦發生，其結果是很難預測的。因此，當新奇事件出現時，一定要注重程序控制和迅速反應，以免產生負面效應，進而影響品牌形象。

二、有廣告加以推介

經營企業而不做廣告，就像在黑暗中對一位姑娘暗送秋波。你知道自己在做什麼，但別人誰也不知道。

廣告是企業在市場行銷中與消費者聯絡的橋樑。在商品品種繁多、新產品不斷湧現的市場上，人們往往有參考廣告購物的習慣。消費者購物，除了重視商品的使用價值外，更喜好追求新潮，注重品牌，期望用品牌商品來塑造自己的形象。因此，廣告是企業引導消費和爭取消費者所必不可少的促銷手段。

廣告策劃程序如圖 12-1 所示。

圖 12-1　廣告策劃程序

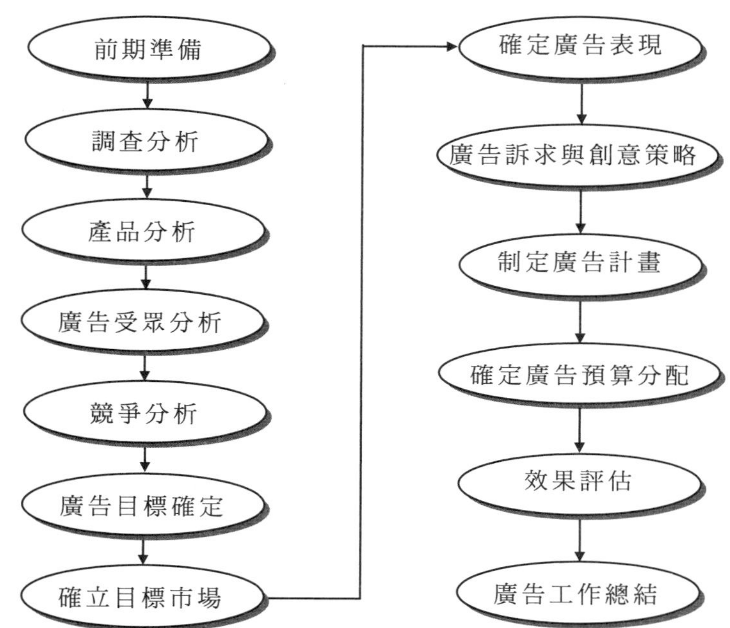

（一）廣告策劃程序

1.前期準備

(1)與廣告公司洽談，全面介紹企業的情況和要求。

(2)經雙方探討，確定廣告策劃的合作內容，簽署合作協定。

(3)廣告公司進行準備，成立工作組，初步分析、掌握企業和市場的基本情況。

2.調查分析

(1)企業市場部研究、擬訂市場調查的內容、目標、方法等，並報行銷經理審核通過後以問卷、訪談等方式展開市場調查。

(2)企業廣告部對調查過程進行監控，參加客戶座談會等重要的調查活動。

⑶企業市場部對調查內容進行歸納、整理、分析，對企業的行銷環境以及經濟政策、產業政策、政治、法律、文化等方面進行定性、定量分析，找出對企業行銷的干擾因素和企業亟待解決的問題點，提出解決方案和結論性意見，撰寫調查報告。

3. 產品分析

⑴向廣告公司提供廣告產品的特點、市場表現、競爭品的狀況等詳細的資訊。

⑵與廣告公司一起研究，找出該產品在市場上存在的問題與機會點、消費者購買的理由、利益點以及與競爭產品比較的優缺點等。

4. 廣告受眾分析

根據前期的市場和產品分析，找出現在的和潛在的目標消費者，進行有針對性的廣告宣傳活動。受眾分析的具體內容包括消費群體的行為特徵、態度等。可用直觀形象的語言來描述，如抽什麼煙、喝什麼酒、業餘生活的安排、購物習慣等。

由於企業的不同產品在不同時期的需求不同，具體的廣告目標也不盡相同。準確確定廣告目標非常重要，應由企業廣告部牽頭，會同行銷部門和廣告公司一起來研究、確定，必要時還應報企業最高決策層覆審確定。廣告目標是一個前提性的問題，必須有清晰而量化的描述。

5. 競爭分析

應從企業發展、產品特徵和行銷廣告策略等方面，對現有的和潛在的競爭對手進行研究分析，找出自身企業的優勢與差距點。

6. **廣告目標確定**

在以上研究分析的前提下，確定具體的廣告目標。如提高知名度、抑制對手、品牌價值宣傳、勸服消費者、改變消費者觀念、短期的銷量提升等。

7. **確立目標市場和產品定位**

確定和細分目標市場，確定產品進入策略。結合市場和廣告的定位，尋找產品在市場中的位置，以進行不同的市場產品定位。

8. **廣告訴求與創意策略**

⑴提出創意和具體操作要求

提煉並確定廣告所要傳遞的中心點，針對訴求的對象、內容、要點和方法，提出創意的概念和具體操作要求。其中，訴求點是企業產品廣告的賣點，賣點要能給消費者帶來實際利益。例如，100Hz 彩電的賣點是與傳統彩電相比較，其掃描速度提高一倍，從而使「畫面不閃爍」。

⑵找準利益點

在廣告資訊表述中，訴求賣點較易表達，而更重要的利益點往往會被忽略。例如，上面 100Hz 彩電的例子中帶給消費者的「利益點」應是「消除眼睛疲勞，保護視力」。所以，區分賣點和利益點非常重要，否則將無法打動消費者。

⑶展開廣告創意

根據確定的訴求點展開廣告創意，廣告創意的展開手法有很多。廣告公司一般情況下都會主動地提供多套的創意比較方案供企業選擇。

9. **確定廣告執行策略**

基於以上分析，需要將廣告訴求和創意策略付諸實施，確定廣告的創意方案、媒體的發佈策略、促銷組合策略等。最後以最具衝擊力的表現，在適當的時機以整體的媒體組合運作傳播給目標受眾。

10.**制定並實施廣告計劃**

將已確定的各廣告策略具體化，制定出具體實施的方法、步驟等計劃方案。計劃方案應包括簡要的背景介紹，市場、產品的分析說明，廣告運作的目標、內容、時間、媒介計劃、創意表現方案與公關等手段的配合方法等。

11.**確定廣告預算分配**

廣告預算首先應由廣告公司提報，之後企業廣告部再進行審核，然後再與企業的行銷部、財務部一起確定總預算投資。廣告部最後進行具體的落實執行。

12.**廣告計劃實施的效果評估**

為確保廣告計劃的有效實施，企業廣告部應在事前的廣告策略定位、事中的廣告創意表現策略，以及事後的廣告實際目標達成上，對廣告效果進行評估、監控，及時回饋資訊，修正、調整不合理的內容。

13.**廣告工作總結**

廣告計劃實施結束後，要對整個廣告的運作做出總結評價。尤其應對工作中存在的問題做出客觀的分析，提出可操作的改進方案。對其中成功的典型案例可在企業內外進行宣傳，形成二次傳播，擴大影響力。

（二）廣告主題選擇

廣告主題是廣告的中心，是廣告作品的核心與靈魂。

廣告主題就是廣告的訴求點，即廣告作品向目標市場受眾傳播的主題資訊。

1. 選擇要求

(1)新穎、獨特

廣告要有自己獨特的新意，能以新的角度和層次表達，要給人以耳目一新的感覺。即廣告傳達的資訊要有不同於一般產品的個性。只有在主題表達中強化資訊個性，才能在市場競爭中讓消費者發現企業產品、認識企業產品，給人留下深刻的印象。

(2)鮮明、突出

廣告主題必須觀點明確、概念清晰、重點突出，使人一目了然，能讓人立即抓住問題的實質，正確地領會廣告主題。為了使主題的表達鮮明、有力，必須使主題的表達單純化，即在意念上簡潔、集中。

要使廣告具有新意，重點在於差別化策略的運用。要善於發現同類產品之間的任何差別，可以從產品的質地、製作技術、效用、心理價值等方面進行挖掘，使廣告具有個性化的色彩、不同一般的表達重點。

(3)寓意深刻

廣告對於客觀事物的揭示，要注意其寓意的深度，要表達客觀事物的某些本質，使主題深刻雋永，富於哲理性。這種哲理不是邏輯抽象思維的產物，而是一種藝術概括的結晶，能使廣告作品具有較強的藝術感染力和較高的審美價值，增強其打動人心的力量。

2. 選擇範圍

廣告要從媒體受眾的心理需求出發，選定恰當的廣告傳輸的資訊內容，從而打動受眾，誘使他們產生購買慾望，實現增加產品銷售、樹立企業形象的目的。

表 12-1 將就幾種情況做一個簡單的描述。

表 12-1　不同廣告主題的特點

廣告主題	受眾心理需求	適應產品
健康	身心健康、獲取營養、防病治病	醫療、衛生用品、營養食品、體育器械等商品
安全	可靠、安全、方便	交通工具、防盜設備、銀行信託、衛生用品等產品
母愛	純真高尚、動人心弦、天性的依戀之情	兒童用品、食品、玩具、衣服等
快樂	追求生活的歡快與樂趣	旅遊、轎車、摩托車等類產品或服務
靚麗	愛美、時尚、社交、虛榮心	化妝品、服裝
榮譽、地位	社會的尊重與讚賞、個人的功成名就	高檔化妝品、服飾、鞋類、首飾等

3. **選擇內容**

(1)以對比為主，還是以陳述為主

所謂對比廣告，就是將企業產品與其他同類產品進行對比分析，以顯示出本企業產品的獨特優勢。

美國蘇埃弗公司是一家生產洗髮水的小型企業，它採用對比法做廣告時，直接將其產品與兩家最大企業(普甘公司和強生公司)的洗髮水進行對比，強調「他們產品的功能，我們也具備；然而，我們產品的價格僅為他們產品的一半」這一廣告主題。結果，蘇埃弗公司的洗髮水在市場上佔據了主導地位。

但是，在運用對比法時，要特別注意各目標市場國有關的法律規定；否則，在競爭對手提出訴訟時，就會處於被動地位。

⑵以強調感性為主，還是以強調理性為主

目前，大多數企業都採取感性和理性兼顧，以其中一種為主的策略。

美國普甘公司在推銷浪峰牙膏產品時，所採用的廣告語是：「浪峰牙膏是美國牙醫學會推薦產品」。這一廣告主題內容，既體現了理性宣傳的特點，又強調了牙膏的防病功能，帶有引導消費者感情的作用。

再如，在競爭十分激烈的國際航空市場上。大多數航空公司都想樹立起自己的獨特形象，以吸引遊客。其中，新加坡航空公司最引人注目。該公司在世界各地的廣告宣傳中，有一個不變主題，就是「以新加坡空中小姐的微笑來吸引顧客」。這是以感情取勝的最成功的一例廣告。

⑶以正面敍述為主，還是以全面敍述為主

正面敍述是指在廣告中只強調產品的優點；全面敍述是指既講產品優點，也講產品的缺點。一般地，主要有以下幾種情況。

①如果廣告受眾的文化水準較高，可以採用全面敍述的方法，既講述產品的優點，又講述其不足之處；對於文化水準較低的受眾，則應強調產品的優點。

②從產品角度講，對於超豪華、超高級類產品應僅強調其長處，因為指出這類產品的不足會有損其高貴和卓越的形象。

③對於那些對本企業產品持有疑問的國外消費者，則最好採用全面敍述的方法，促使其逐漸轉變對本企業產品的偏見。

⑷廣告主題長期不變為好，還是經常變化為好

同一廣告主題的不斷重覆，理論上講能增強受眾的印象。但

是，隨著重覆次數的增加，會使受眾產生厭煩情緒。因此，即使是一個十分成功的廣告主題，也應該在重覆一段時間之後，加以改變或稍加改變。例如，可口可樂公司在過去的百年中，曾 27 次改變廣告主題，平均不到四年改變一次。

（三）廣告媒體選擇

1.影響媒體選擇的因素

⑴媒體的傳播與影響範圍

為了正確選擇各種媒體或進行最佳媒體組合，企業首先應做出媒體的送達率、頻率和效果決策。一般情況下，媒體送達率範圍越大，展露的頻率及影響越廣，廣告效果就越好，但費用也越大。因此，在選擇媒體時，應從結合目標市場的實際情況來進行考慮。

⑵媒體的社會威望與特點

廣告媒體的種類有很多，廣告媒體自身的聲譽對廣告商品的名譽有重要影響。有些媒體濫發廣告，不講品質和信譽，那麼，這個媒體的廣告聲譽就差；有些媒體，嚴格自律，社會責任感強，在消費者心目中就有很高的威性。

媒體的特點，是指媒體的專業性因素，有的適宜於發佈娛樂性廣告，有的則適宜於宣傳家用電器產品等廣告。

⑶媒體發佈廣告的時間是否適宜

廣告的播放必須及時，過時的廣告是毫無意義的。戰略性廣告針對未來，戰術性廣告則著眼即效。廣告媒體的使用時機有連續式、集中式、飛躍式和起伏式四種模式，如表 12-2 所示。

表 12-2　廣告媒體的使用時機

廣告媒體的使用時機	特點
連續式廣告	在一段時間內均衡地安排展露時間
集中式廣告	在節假日或某種產品的銷售旺季集中促銷，在很短的期間內支出所有的廣告費用
飛躍式廣告	在某段時間內通過連續播放廣告來集中促銷，然後有一個間歇期，間歇期過後再進行第二輪廣告促銷
起伏式廣告	加強在某一時間段保持低強度廣告態勢，然後再以下一階段的高強度廣告來加大促銷力度

⑷媒體費用

媒體費用不僅取決於媒體自身的聲譽和影響力，而且還取決於資訊播放時間、頻率和廣告持續時間。各種廣告媒體的價格並不相同，企業應根據自己的財力和所要達到的傳播效果，正確選擇適當的廣告媒體。

⑸媒體組合形式

在運用媒體組合策略時，必須考慮各地媒體的具體情況。

2. **廣告媒體選擇程序**

⑴確定廣告目的和媒體目標

為建立完善的廣告計劃，企業必須確立廣告目的。如果目的設定錯誤，可能會對銷售造成直接影響。銷售是一個多重步驟的過程，廣告可用來將顧客推向下一步驟：從對產品或服務的完全無知，到認知、瞭解、信服，然後採取行動。

產品/市場的廣告目標可用來找出媒體目標。媒體目標必須能解答下列問題。

①我們想要接觸到每一個人嗎？

②我們是否要有選擇性的接觸？

③假如 30 歲左右的家庭主婦（有一個不到 10 歲的小孩）是我們真正的目標，我們應該發出的媒體目標是什麼？

④我們是區域性的還是全國性的？

⑤我們是否需要集中注意力在某一些區域？

⑥我們需要的是接觸數目還是頻率，或是兩者都要？

⑦我們在進行創意時，想像力會受到那些因素的限制？

廣告目的應該由一個對所有產品/市場完全熟悉的人來決定。

⑵進行媒體調查分析

在確定廣告目的以後，可以設計一些題目對媒體進行調查，並予以分析。

⑶媒體選擇決策

在上述步驟的基礎上，決定需要採用那一種媒體或特定媒體的某個層面進行廣告宣傳。

三、產品陳列

終端陳列是產品面向消費者的展示方式，是一個看似簡單其實大有學問的問題。商品陳列最重要的職能是廣告作用。

某國際品牌洗髮劑產品的市場價格高於沙宣，按照當時的賣場環境來看，應該將其陳列在沙宣旁邊，因為有能力消費沙宣的人群才有可能選擇這個價位的產品，同時也能說明該產品的檔次類別。然而，它卻與很多三線低價產品放在一起，其價格是旁邊產品價格的 2～3 倍。寶潔等一線產品都在這個洗化陳列區的另一端。消費者無法理解，該國際品牌為何淪落到與廉價產品為伍的地步，其品牌優勢蕩然無存，所以導致了該品牌月銷售額僅幾百元的尷尬局面。

由此可以看出，產品陳列不僅是讓產品好看的簡單問題，更包含了品牌形象、產品可信度、目標顧客群體鎖定、價格印象等諸多直接影響消費者最終購買決策的因素。

1. **陳列要求**

商品陳列是一種藝術，同樣的商品，不同的陳列方式會給人不同的感受，給企業帶來不同的銷售量。這是因為，商品陳列直接關係到顧客的購買慾望。具體到經營實踐中，商品陳列應注意以下幾個問題。

⑴**突出商品的美**

超市專櫃上包裝精美、種類齊全的商品吸引著眾多的顧客，他最想知道的是「這商品如何」？即商品的品質好不好、外觀美不美、適不適合他用等。因此，聰明的商家在商品陳列上總是盡可能充分地展示商品的美，這就是商品陳列的第一個基本要求。

對產品而言，所謂內在美，就是商品的品質。眾所周知，品質是商品形象的生命線，利用商品陳列展現良好的商品品質，無疑對樹立良好的品牌形象大有裨益。

有一次，來到某傢俱特約經銷部做市場調查，李先生一上樓便遠遠看到席夢思床墊上放著一個物品。當時李先生很不以為然，覺得這家商店對商品的陳列太馬虎了，商品上怎麼可以放雜物呢？可走近一看，不是雜物，是商店特意擺放的東西。那個東西有半個枕頭那麼大，幾排沙發彈簧並列纏繞在一起，彈簧上面依次覆蓋著海綿、床墊布等，原來是床墊的「剖切面」。商店是用這個東西向顧客暗示：我的床墊就是用這些材料做成的，真材實料，絕無其他。這樣做可以使顧客對其品質一目了然，無形中增強了信任感。

展示商品的外在美，要運用多種手段將櫃台、貨架上的商品進行美化，對其外在美進行強化，借此激發顧客的購買慾。例如金銀飾品，如果把它放在普通鋁合金櫃台內，燈光暗淡，對顧客購買慾的刺激就會大打折扣；如果把它放在高貴典雅的櫃台內，再以高級天鵝絨作鋪墊，以柔和的燈光照射，使金銀光華四射，寶石熠熠生輝，這對顧客是一種怎樣的刺激就不難想像了。

⑵商品擺放要豐滿

商品陳列的第二個基本要求是商品擺放要豐滿。顧客一進商場往往會把目光投向櫃台、貨架。這時，如果櫃台、貨架上的商品琳琅滿目，他的精神就會為之一振，產生購買熱情。

同樣，商品陳列也是一種廣告。所以，要把商品陳列當做是招徠顧客的一種方式。為了有效地招攬顧客，商品擺放一定要豐滿。當然，豐滿不等於擁塞，不同品類的商品對豐滿有不同的要求，這是在實際工作中應當注意的。

⑶營造氣氛

商品陳列的第三個基本要求是通過對商品頗具匠心的組合排列，營造出一種溫馨明快特有氣氛，消除顧客與商品的心理距離，使顧客對商品產生可親、可近、可愛之感。行銷，實際上就是要求營造一種特殊氣氛，以便於商品銷售。

2.陳列技巧

⑴獲利性

①陳列必須確實有助於增加銷售量。

②能使商家瞭解商品陳列對獲利的幫助。

③要注意記錄能增加銷量的特定的陳列方式和陳列物，努力爭取有助於提高銷售量的陳列位置。

③採用「先進先出」的原則，減小退貨的可能性。

⑵**爭取好的陳列位置**

①最佳陳列位置

- 傳統型商店：櫃台後面與視線等高的貨架位置、磅秤旁、收銀台旁、櫃台前等都是較好的陳列位置。
- 超市或平價商店：與視線等高的貨架、顧客出入集中處、貨架的中心位置等均是理想的陳列位置。

②較差的陳列位置

倉庫出入口、黑暗的角落、店門口兩側的死角、氣味強烈的商品旁等。

⑶**造勢以吸引注意力**

①充分將現有商品集中堆放，以凸顯氣勢。

②完成陳列工作後，故意拿掉幾件商品，一來方便顧客取貨，二來可以造成產品銷售良好的跡象。

③陳列時，應將本企業產品與其他品牌的產品明顯地區分開。

④配合空間陳列，充分利用廣告宣傳品以吸引顧客的注意。

⑤運用整堆不規則的陳列法，既可以節省陳列空間，也可以產生特價優惠的效果。

⑷**顧客選購的方便性**

①商品應陳列於顧客便於取貨的位置。

②爭取較好的陳列點，使顧客能從不同位置、不同方位取得商品。

③保證貨架上有80%以上的餘貨，以方便顧客選購。

④避免將不同類型的商品混放，助銷宣傳品（如POP廣告）不要貼在商品上。

⑸價格標識醒目

①價格要標識清楚。

②價格標籤必須放在醒目的位置，數字的大小也會影響對顧客的吸引力。

③直接寫出特價的數字要比告訴顧客折扣數更有吸引力。

⑹保持商品的穩固性

在做「堆碼展示」時，既要考慮一個可以保持吸引力的高度，也要考慮到堆放的穩固性。在做「箱式堆碼」展示時，應把打開的箱子擺放在一個平穩的位置上，更換空箱從最上層開始，以確保安全。

心得欄

四、可口可樂的陳列細節

可口可樂把那些圍繞著終端的可以控制和影響的基礎工作所建立起來的一系列運作規範、執行標準和管理考核系統，稱之為「金字塔計劃」，如圖 12-2 所示。「金字塔計劃」是可口可樂的銷售隊伍所運用的一種系統的終端管理模式，被喻為可口可樂制勝終端的行銷「秘笈」。

可口可樂把 100 多年來在業務經營中被證實行之有效的各種實踐，通過簡化、濃縮成了「金字塔計劃」的若干模組。現在，我們就來剖析一下這個世界軟飲料第一品牌的「金字塔計劃」的奧秘。

圖 12-2 「金字塔計劃」結構圖

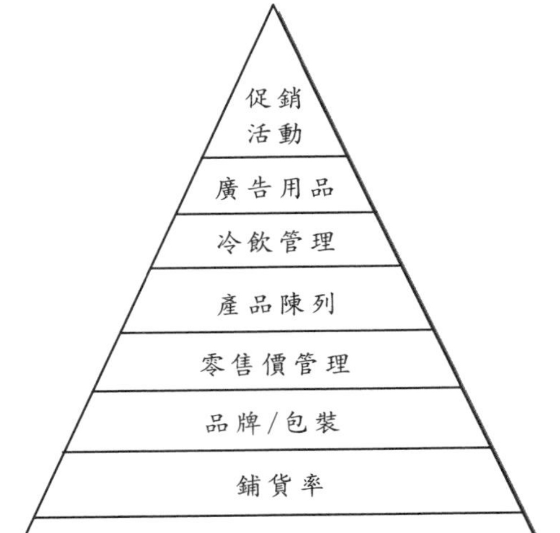

促銷活動
廣告用品
冷飲管理
產品陳列
零售價管理
品牌/包裝
鋪貨率
產品品質

(一)金字塔第一層：產品品質

產品品質是可口可樂組成金字塔塔基的第一部份，也是金字塔中最重要的一部份，沒有品質一切都無從談起。產品品質是可口可樂公司的生命線，銷售人員是維護產品品質的最後一道防線。所以，在零售終端上，要確保可口可樂產品最新鮮、最完美地展現在消費者面前。要達到這樣的標準，可口可樂的銷售人員會做到如下幾個方面。

1.堅持「先進先出、整潔衛生」的原則。在貨架上補充產品和在終端倉庫補貨時，把先進入終端庫房的產品放在前面，而新進的產品放在後面，以保證做到先期進入倉庫的產品先期售賣，從而杜絕產品過期的可能性。同時，產品出庫後，銷售人員(理貨員)還必須定期做好貨架上產品的清潔工作，以確保消費者購買到外觀整潔、衛生的可口可樂產品，從而提升消費者對品牌的好感度和滿意度。

2.保證消費者喝到的是最新鮮的產品。可口可樂公司要求其600 毫升 PET(塑膠瓶)包裝的產品必須在 3 個月以內售賣，1.5 升、2 升產品要在 6 個月以內售賣完畢。

3.控制貨齡，經常檢查終端的產品貨齡。銷售人員要避免終端有過量的存貨，合理執行「1.5 倍安全庫存原則」。該原則是可口可樂系統為了避免客戶缺貨、斷貨，所遵循的一個安全存貨原則。銷售人員按照這一原則做訂單，可以保證客戶既不斷貨也不積壓，從而達到既提升客戶的滿意度又保證了無過期產品的目的，最終維護好可口可樂良好的產品品質形象。

4.及時更換不良品。

(二)金字塔第二層：鋪貨率

「買得到」是可口可樂的基本策略之一,「隨手可得」是可口可樂的鋪貨目標。可口可樂認為：假如在某一個終端內，因為沒有消費者所需要的品牌/包裝產品，在失去這一次銷售機會的同時，也大大降低了消費者對本品牌的忠誠度。因此，鋪貨並隨時隨地向消費者提供他們所需的品牌和包裝，是可口可樂公司實現一切市場目標的基礎。提升市場鋪貨率的方法主要有以下幾種。

1.開發新客戶。可口可樂把新客戶分成四類：銷售其他品牌飲料而不賣可口可樂產品的客戶；以前曾經銷售過可口可樂產品但因為某種原因現在不賣的客戶；有銷售飲料的需求，但還沒有開設售點的地方；有潛力經營飲料但目前還沒有經營的客戶。無論開發那一類新客戶，都需要經過以下三個階段的運作。

⑴準備工作階段。首先，在開發新客戶以前要求銷售人員要有足夠的心理準備，同時還要掌握好必備的產品知識。其次，要瞭解你所開發的新客戶，主要包括終端的類型、經營範圍、主要的目標顧客群以及經營者本人的一些基礎狀況等。最後，要制定好自己的拜訪目標與計劃，主要包括準備好一個「利潤的故事」、一個成功經營可口可樂產品而賺錢的客戶的例子，並且準備好應對客戶的一系列策略。

⑵拜訪階段。找到客戶的主管人員，介紹經營可口可樂會給客戶帶來的利益，並處理客戶提出的異議，成交之後感謝客戶並離去。

⑶跟進階段。新的客戶開發下來之後，需要建立並填寫新客戶資料卡，並將新客戶編入銷售拜訪對象。其次與銷售人員溝通送貨事宜，並且報告給銷售主管，以便做好下一步送貨以及其他

跟進工作。

2.提高不同包裝產品在同一終端的鋪貨率。可口可樂公司的同一品牌有著不同形式的多種包裝，以可口可樂為例，就分為：PET(塑膠瓶)、RB(玻璃瓶)、CAN(易開罐)、POM(現調杯)等類型。在同一終端如果採取單一品牌多種包裝鋪貨的辦法，無疑會大大提高可口可樂產品的鋪貨率。所以，作為可口可樂的銷售人員，要熟知每一種產品包裝的特點、優勢以及給客戶和消費者所帶來的利益。

例如，600ML 的 PET 具有便於攜帶、適合一人多次飲用等優勢，它帶給消費者的利益是可以適合消費者在多種場所方便地飲用。銷售人員只有瞭解不同包裝的不同特點、優勢和利益後，才有助於向客戶推薦合適的包裝組合，也才會提高多種包裝產品的鋪貨率。

3.提高多種品牌在同一終端的鋪貨率。由於可口可樂公司是採取多品牌(可口可樂、雪碧、芬達、醒目、酷兒等)策略運作的企業，所以在同一終端，如果加大可口可樂全系列品牌的鋪貨率，將會更好地滿足消費者的需求，從而提升產品的市場佔有率。作為可口可樂的銷售人員，要瞭解以上各種品牌的形象、目標消費群的特點和需求，並且只有在熟知這些品牌知識的基礎之上才會有助於向客戶推薦適合他經營的品牌組合。

（三）金字塔第三層：品牌/包裝

品牌/包裝是可口可樂行銷「金字塔」的第三層塔基。因為消費者在不同的分銷管道，其飲用習慣和購買心理是不同的。

所以，可口可樂會根據不同分銷管道的特點以及消費者在管道的購買特徵，來制定在某一特定管道的品牌/包裝決策。可口可樂針對不同的管道狀況，把產品分成三種包裝類別。

1.必備包裝：是指在戰略上該管道必不可少的包裝。例如在超市管道，必備包裝就包括 PET600ML、PET1.25L、PET1.5L、PET2L、PET2.25L、CAN355ML，品牌包括可口可樂、雪碧、芬達、醒目、酷兒、水森活、健怡可樂等，如表 12-3 所示。

表 12-3　可口可樂各種品牌/包裝在超市管道的配比

品牌順序	可口可樂	雪碧	芬達	醒目	酷兒	水森活	健怡可樂
必備包裝	CAN 355ML	CAN 355ML	CAN 355ML	CAN 355ML	CAN 350ML	CAN 380ML	
	PET 600ML	PET 600ML	PET 600ML	PET 600ML	PET 500ML	PET 600ML	
	PET1.25L /1.5L	PET1.25L /1.5L	PET1.25L /1.5L	PET1.5L			
	PET2L /225L	PET2L /225L	PET2L /225L	PET2L /225L			
應備包裝	CAN 多支包裝	CAN 多支包裝			PET1.5L 多支包裝		CAN 355ML
	PET1.25L 多支包裝	PET1.25L 多支包裝					
	PET2L 多支包裝	PET2L 多支包裝					
輔助包裝	現調杯	現調杯	現調杯	現調杯			

2.應備包裝：在實現了必備包裝的終端上，該售點應該出現的其他包裝形式，稱為應備包裝。同樣以超市管道為例，在實現了必備包裝的基礎上，就要努力為 CAN 多支包裝、PET1.5L 多支包裝、PET2L 多支包裝等應備包裝爭取一定量的鋪貨和陳列空間。

3.輔助包裝：只要消費者有需求，並且終端有條件陳列的包裝都屬於輔助包裝，例如現調杯。

（四）金字塔第四層：零售價格管理

隨著消費者消費心理的成熟以及消費意識的提高，消費者在購買產品時對價格變得非常敏感，而零售價格往往是消費者決定購買產品的關鍵因素之一。零售價格管理的重要性在於：

第一，要使消費者買得起。要增加銷量，消費者能夠買得起是一個重要的因素。如果售價太高的話，消費者不願意購買，而客戶也就不願意進貨，從而會影響產品的鋪貨率。第二，如果產品的售價太高、鋪貨率低的話，無疑會給競爭對手以可乘之機。第三，如果零售價格管理得好，消費者願意購買，這樣就會給客戶帶來利益，並且有助於客戶關係的加強，從而形成良性的業務循環。

「買得起」是可口可樂的基本價格策略，「物超所值」是其價格策略的目標。所以，可口可樂的銷售人員對終端零售價格的控制是其工作中的重要環節。要確保零售價格的穩定、統一，具有競爭力，銷售人員就要做到以下幾點。

1.在終端所有售賣的產品，必須要有明顯的價格標識。只有這樣，才會把消費者的注意力引向可口可樂產品，並且能夠表現出產品在價格上的競爭力。

2.宣傳、介紹公司的建議零售價格。可口可樂公司的建議零售價格，是在科學、週密的價格策略體系之下，通過對客戶、競爭對手、消費者的承受能力等綜合考慮之後而制定出來的。

因此，客戶按照可口可樂公司的建議零售價出售產品，將會為其帶來穩定、豐厚的利潤，並使消費者樂於接受產品，從而使價值鏈在均衡的狀態下形成良性循環。

3.及時向銷售主管反映價格問題，並提出建議性的解決辦法。任何產品都會面臨諸多的價格問題，例如市場價格不統一、零售商低於進價銷售產品等。由於銷售人員自身的職權、能力是有限的，因此在遇到一些自己不能夠解決的價格問題時，要及時反映給銷售主管。在反映問題時要注意：不要只闡述問題的本身，而且還要提出解決問題的辦法。因為主管是不願意回答「問答題」的，他們只願意回答「Yes」 or 「No」這樣的「選擇題」。所以，銷售人員要自己提出問題的解決方案，供主管人員來選擇。

（五）金字塔第五層：產品陳列

「衝動性購買」是軟飲料消費的主要特徵，可口可樂產品的70%以上都是由於消費者的衝動而購買的。

許多消費者走進零售終端時可能並不打算購買碳酸飲料，但是當消費者看見了可口可樂產品時，就提醒了他們要購買該產品，所以消費者進行了未經思考的購買行為。也正是由於這種未經計劃購買的重要性，促使可口可樂公司的銷售人員在生動化的產品陳列方面做出最大的努力，確保消費者能看到他們所陳列的可口可樂產品，從而吸引消費者在千百種商品中選擇可口可樂產品。在終端，可口可樂產品陳列的八項基本原則如下所示。

1.同類產品集中擺放。可口可樂公司的產品分為幾大類：碳酸飲料、水飲料、果汁飲料、茶飲料。他們要求每一類產品均要與同類產品在一起陳列，不能跨類別陳列。

2.同一品牌垂直陳列，包裝由輕到重。可口可樂與可口可樂垂直對齊、雪碧同雪碧垂直對齊、芬達與芬達垂直對齊，其他品牌依此類推；同時，按包裝容量的大小，由輕到重擺放。

3.同一包裝平行陳列。同種材質的包裝平行陳列，不可混合排放。例如，PET 只能同 PET 共同陳列，而不允許和 CAN 擺放在一起。

4.中文商標面向消費者。有促銷圖案的包裝，其中文商標和促銷圖案應面向消費者間隔擺放。

5.產品需陳列在終端最明顯、消費者最易見到的地方。

6.終端內，在飲料區以外至少有一個多點陳列，即跨區陳列，以提高被購買的比率和消費者購物的方便性。

7.要有明顯的價格標識。

8.做到產品循環，先進先出。過期產品需立即收回。

通過實施標準化的產品陳列，可以激發消費者更頻繁地購買可口可樂產品，塑造良好的終端形象，並且杜絕斷貨，加快存貨週轉，提高客戶的銷售業績，從而產生一舉數得的益處。

（六）金字塔第六層：冷飲管理

專家測定，當消費者品嘗到攝氏 1～4 度的碳酸飲料時，最能體驗到冰涼解渴、美味怡神的最佳口感，更會使消費者對品牌情有獨鐘，並留下良好的品牌印象。為了達到這一目標，可口可樂準備了多種冷飲設備供客戶使用，從而確保消費者在終端上購買到冰凍的可口可樂產品。

1.冷飲設備的類型及特點。

可口可樂公司的冷飲設備主要包括：玻璃門展示櫃、水冷櫃(水循環製冷)、保溫箱、現調機四類，如表 12-4 所示。

表 12-4 可口可樂冷飲設備的類型及特點

序號	冷飲設備類型	特點
1	玻璃門展示櫃	展示效果好，有助於突出品牌形象
2	水冷櫃	容量大、降溫快、溫度均勻，可以搬到室外，便於消費者購買產品
3	保溫箱	不受水、電和環境的限制
4	現調機	能隨時提供新鮮、冰爽的飲料，具有 4～6 個閥嘴，可以滿足消費者的不同需求

2.冷飲設備的投放

⑴選擇合適的客戶。可口可樂在投放冷飲設備時，首先要充分考慮到擬投放終端的基本條件；另外還要充分評估投放冷飲設備後，所能產生的額外銷量。其次要考慮客戶是否能做到專賣以及是否有一定的管理能力等，這些條件都會作為可口可樂公司是否選擇在此客戶處投放冷飲設備的評估指標。

⑵冷飲設備的擺放。可口可樂系列冷飲設備的擺放原則是：要放在最顯眼的地方。放在最顯眼的地方，消費者才能夠不費力氣就注意到冷飲設備的存在。其次要放在終端人流量較多的地方，這樣就可以使消費者更方便地購買冰凍的可口可樂產品。

⑶不同分銷管道的設備投放類型。可口可樂針對不同的管道，設計出了不同的冷飲設備組合，以便滿足終端客戶的實際需要，如表 12-5 所示。

表 12-5　可口可樂不同分銷管道的冷飲設備投放類型

序號	冷飲設備類型	特點
1	超市	玻璃門展示櫃
2	食品商場	水冷櫃/玻璃門展示櫃
3	街道攤販	保溫箱
4	傳統食品店	保溫箱/水冷櫃
5	餐廳	玻璃門展示櫃
6	影視場所	玻璃門展示櫃/水冷櫃
7	學校	水冷櫃

3. 冷飲設備的生動化管理

銷售人員對擺放在公司冷飲設備內的產品，也必須按照可口可樂公司的生動化標準進行產品陳列。以玻璃門展示櫃為例，銷售人員在其中擺放可口可樂系列產品時，必須做到以下幾點。

⑴此展示櫃應 100%陳列可口可樂公司的產品。

①同包裝水準陳列，同品牌垂直陳列。

②品牌陳列順序及比例自左向右依次為：可口可樂 35%、雪碧 35%、芬達 15%、醒目 15%。

⑵包裝自上而下依次為：CAN355ML、PET600ML、PET1.25L。

①在有新產品投放市場時，頂層應陳列新產品。

②展示櫃溫度保持在攝氏 1～4 度

③產品週轉按先進先出的原則，將生產日期最早的產品置於前端。

④配有明顯、正確的產品價格簽和冰箱貼。

系統、有效的冷飲設備管理，刺激了消費者的購買需求，並且會增強消費者對可口可樂品牌的忠誠度，最終為可口可樂產品創造出優異的銷售業績。

（七）金字塔第七層：廣告用品

可口可樂在終端的廣告用品主要包括：商標(品牌貼紙)、海報、價格牌、促銷牌、冷飲設備貼紙以及餐牌等。在終端內充分、合理地利用廣告用品，正確地向消費者傳遞產品資訊，可以有效地刺激消費者的購買慾望，從而建立品牌的良好形象。

因此，可口可樂要求他的銷售人員必須在零售點上充分利用和發揮廣告用品的作用，並且要遵守以下原則。

1.商標不可以被其他圖案、物品遮蓋或包圍。

2.商標不可以歪放、更改或刪減任何部份。

3.公司系列商標擺放時要遵守由左到右或由上至下的原則。排放順序依次為「可口可樂」、「雪碧」、芬達」、「醒目」等。

4.廣告用品必須張貼於終端明顯的地方，不可被其他物品遮擋。

5.海報或商標貼紙必須貼於視線水準位置，不應太高或太低，應以不擋住公司產品的高度為準。

6.及時更換已經褪色、損壞或附有舊廣告標語的廣告用品。

7.廣告用品應附有合適的消費者資訊，並且資訊內容和售點活動與所售產品相一致。

8.各種廣告用品要經常保持整齊、清潔。

可口可樂就是這樣長此以往、不遺餘力地按照以上模式化的終端廣告用品執行標準，有效地創造出了產品在終端的競爭優勢，在刺激消費者衝動購買的同時，還建立起了自身良好的品牌認知度。

（八）金字塔第八層：促銷活動

「促銷活動」(這裏指終端促銷)位於金字塔的塔尖位置，能否有效地組織與實施促銷活動，是銷售人員邁向成功的終端管理的最後一環。可口可樂公司經常會開展各種各樣的促銷活動，用來增加消費者購買自己產品的數量及次數。但是，促銷活動不能取代終端內的其他基礎工作(金字塔前七層的工作)，而只有其他基礎工作完成好，才能夠保證促銷活動的順利實施。

可口可樂把促銷活動定義為：通過提供額外的獎勵來吸引、刺激消費者及客戶(批發商、零售商)購買更多的可口可樂產品的活動。促銷活動是可口可樂實施「推拉」策略(廣告拉動消費者購買，促銷推動消費者購買)的重要方法之一。促銷活動可以刺激消費者大量購買，並吸引沒有購買過可口可樂產品的消費者初次消費。可口可樂公司要求銷售人員應幫助客戶把消費者拉到售點內。終端促銷活動的正確實施是終端管理非常重要的一環，因此，銷售人員在終端內執行促銷活動時的基本原則有以下幾點。

1.促銷開始之前：要與終端客戶溝通，並確認促銷活動的各項細節，以保證活動實施；保證所有促銷品牌和包裝按時鋪貨上架和陳列；向促銷員說明促銷活動的方法、時間和獎勵辦法等。

2.促銷活動實施期間：必須明確標示產品價格，且顯眼、醒目；及時向銷售主管回饋促銷執行情況和存在的問題；正確傳達促銷資訊，廣告用品必須根據要求張貼、擺放、懸掛在終端客流最大且顯眼的位置；擴大產品陳列空間，佔據終端客流量最大的有利位置。

3.促銷活動結束後：評估活動效果，總結經驗教訓。

由此可見，以上的終端執行要素都是相互關聯、相互依存的。企業銷售人員在工作中只有做好了金字塔下層的工作，上層的工作才會有效果。只有在充分認知到並有效處理好終端管理和終端執行之間的正確關係時，企業才會真正構建起屬於自己的堅固而結實的行銷「金字塔」。

心得欄 ------------------------------------

第十三章

提高市場佔有率第七招
——對零售終端的促銷

提高市場佔有率第七招就是：對零售終端的促銷，來確保市場佔有率。零售終端是企業行銷戰略鏈上一個十分重要環節，其成功與否，直接影響到企業的生存與發展。

一、設計有效的促銷組合

促銷組合是指履行行銷溝通過程的各個要素的選擇、搭配及其運用。促銷組合的要素包括廣告促銷、人員促銷、銷售促進以及公共關係。一般消費品的促銷組合次序為：廣告－銷促－人員推銷－公共關係；投資品的促銷組合次序為：人員推銷－促銷－廣告－公共關係。

不同的促銷組合可以形成不同的促銷策略，諸如以人員推銷為主的促銷策略，以廣告為主的促銷策略。從促銷活動運作的方向來分，可分為以下兩種。

1. **從上而下式**

從上而下式是以人員推銷為主，配合中間商銷售促進，兼顧消費者銷售促進。把商品推向市場的促銷策略，其目的是說服中間商與消費者購買企業產品，並層層滲透，最後到達消費者手中。

2. **從下而上式**

從下而上式是以廣告促銷為拳頭產品，通過創意新、高投人、大規模的廣告轟炸，直接誘發消費者的購買慾望，由消費者向零售商、零售商向批發商、批發商向製造商求購，由下至上，層層拉動消費。

二、針對零售點而擬訂促銷方案

促銷是企業行銷戰略鏈上一個十分重要的環節，其成功與否直接影響到企業的生存與發展。一旦促銷失敗，損失的不僅僅是短期銷售額，還需要讓企業或品牌形象在消費者心目中的重新定位。這種定位將決定著消費者是否會成為企業或品牌的忠誠客戶。因此，企業在進行促銷活動前，需要進行促銷策劃，擬訂詳細而嚴密的促銷方案。

（一）步驟一：制定促銷方案

1. **激勵規模**

對終端客戶的激勵規模，要根據費用與效果的最優比例來確定。要獲得促銷活動的成功，一定規模的激勵是必要的，關鍵是要採用最佳的激勵規模。

最佳激勵規模要依據費用最低、效率最高的原則來確定。只要促銷方式選擇適當，有一定的激勵規模就可以了。如果激勵規模過大，雖然仍會促使銷售額上升而產生較多的銷售利潤，但效益將相對遞減。

2. **激勵對象**

激勵是面向目標市場的每一個終端客戶，還是有選擇地某一部份終端客戶，這種範圍控制有多大，那個終端客戶是主攻目標，這種選擇的正確與否會直接影響到企業促銷的最終效果。

3. **送達方式**

企業要根據激勵對象以及每一種管道方法的成本和效率分析來選擇送達方式。必須研究通過什麼送達方式讓激勵對象來參與，才能達到理想的效果。

4. **活動期限**

具體的促銷活動期限應與終端客戶協商，並綜合考慮商品的特點、消費者的購買習慣、促銷目標、競爭者的策略及其他因素，按照實際需求而定。

任何一種促銷方式，在實行時都必須規定一定的期限，不宜過長或過短。

5. **時機選擇**

促銷時機的選擇應根據消費需求的時間和特點，結合總的市場經營戰略來確定。日程的安排應注意與終端客戶的促銷時機和日程協調一致。

6. **預算及其分配**

促銷預算可以通過以下兩種方式來確定。

⑴自下而上

自下而上是指根據全年促銷活動的內容、所運用的促銷方式及相應的成本費用來確定。促銷成本由管理成本(如印刷費、郵寄費和促銷活動費)加激勵成本(如贈獎或減價等成本)乘以在這種交易中售出的預期單位數量而得出。即：

促銷成本=（管理成本+激勵成本）×售出的預期單位數量

就一項具體的贈送折價券活動而言，計算成本時要考慮到可能只有一部份消費者使用所贈送的折價券來購買。就一張附在包裝中的贈獎來說，其成本必須包括獎品採購和獎品包裝成本等。

⑵確定促銷預算

不同市場上對不同品牌的費用預算百分比是不同的，並且要受商品生命週期的各個階段和競爭者促銷預算的影響。

企業應按核定比例，來確定各項促銷預算佔總預算的比率。

（二）步驟二：實施促銷方案

1.促銷方案的實施要求

⑴高級行銷主管的要求

負責促銷方案實施的高級主管(通常是企業的市場行銷副總經理，或者銷售總監)，必須做到以下幾點。

①通盤把握整個促銷方案的方向、策略架構、關鍵策略點與環節，做到目標明確、措施明確、中心問題明確，以便於從整體上掌握情況、指揮促銷活動，有效地推動和控制促銷活動的進行。

②掌握促銷活動的總體準備情況：各有關部門(包括財務部、銷售部、市場部、企劃部、辦公室等)的責任分工情況，各分管部門的負責人與任務落實情況，資訊溝通程序與要求的情況。

③嚴密跟蹤監視促銷活動的進程，整合企業的各種資源，協調並解決促銷活動工作過程中的問題，保證促銷活動的順利進行。

④及時瞭解市場訊息，掌握市場變化情況，對可能出現的問題及時做出決策，靈活處理促銷活動中出現的各種問題。

⑤對促銷活動的成果加以總結，對促銷活動進行比較、分析，整理促銷檔案，處理善後事務。

⑵責任部門的要求

促銷過程管理的責任部門，一般可以分為管理部門、依託部門、配合部門等，對它們的要求如下：

①管理部門。管理部門在分管負責人的直接指揮下開展工作，其主要職責是：代表企業行使促銷活動的統籌管理權，制定科學的促銷活動實施方案，進行促銷日常工作的佈置、安排、指導、監督、控制、管理、協調，負責促銷活動費用的預算與使用，開展促銷活動的宣傳，進行促銷活動的總結等。

管理部門必須做到紀律嚴明、方案週密、工作高效、管理協調、費用開支合理、促銷宣傳適度、活動總結規範。

②依託部門。依託部門在企業分管負責人的領導下開展工作，但是要接受「管理部門」的指導、監督。其主要職責是：與業務活動緊密結合開展促銷活動；與管理部門密切配合、做好日常促銷事務管理工作；密切注意銷售促進對象的市場反應，及時向管理部門回饋促銷資訊；收集完整的促銷數據，做好促銷管理的基礎工作；與管理部門共同做好促銷的宣傳工作等。

依託部門必須做到配合密切、資訊回饋及時、數據完整、宣傳得力。

③配合部門。配合部門在企業分管負責人的領導下開展工

作。其主要職責是：配合管理部門、業務部門開展促銷活動，與管理部門、依託部門密切配合做好日常促銷事務的支援工作，做好促銷管理的基礎工作、後勤工作，與管理部門共同做好促銷的宣傳工作等。

配合部門須做到配合密切、保障有力、服從大局、宣傳得力。

2.方案執行的分工與配合

從分工的角度來看，企業策劃部門、市場管理部門或者銷售統一管理部門通常會擔當促銷活動的管理者、指導者、協調者的角色，它們承擔了整個促銷活動的計劃控制、策略制定、過程管理，對促銷活動進行指導、協調、行為約束、應急處理、事務性管理等各方面工作。

⑴銷售管理部門通常承擔促銷活動的各種具體事務，因此促銷活動是離不開銷售管理部門的。銷售管理部門按照促銷方案的要求，承擔促銷策略、政策實施執行全過程的實際工作。它們在管理部門的指導下，備好貨、準備好促銷品、安排好專門促銷事務管理人員，按照促銷管理程序，開展促銷事務，並且對促銷現場秩序進行管理。

促銷活動開展期間及以後的一段時間，銷售管理部門還必須收集和整理好具體的銷售數據、促銷資訊，及時回饋給有關部門。

⑵市場研究部門、財務部門、物流管理部門、服務品質管制部門、辦公室等部門，在促銷活動中主要是配合銷售管理部門開展工作。

3.掌握促銷工作的進度

任何一個促銷活動都是一個涉及各個方面工作、相互承接的整體。促銷活動的是否成功，除了要科學地設立目標，合理地制定預算，協調好各部門人員、資源外，還要把握工作的進度。一個環節的進度跟不上，就會影響整體活動的進度。

負責促銷活動的行銷人員要規劃好工作進度，並在實施過程中隨時督查。因為在制定工作進度表時，對各種環境情況、事態發展情況都是充滿變數的。項目負責人要根據外界環境的變化，協調整個公司的人員和資源，在當日的促銷活動結束後，再對所負責的促銷活動日程進行適當調整。

4. 促銷工作的協調

由於企業的資源有限，難免會出現兩個或兩個以上活動爭奪同一資源的狀況。所以，各部門、各種促銷媒介要相互協調一致，同步進行，才能使活動順利進行。協調可從以下兩個方面進行。

⑴各部門之間的協調

每個部門都有不同的職責，也擁有一些獨特的資源。促銷活動很多都需要各個部門的相互配合才能進行。如果事先不處理好，就會影響促銷活動的進程。

例如行銷部負責關於企業產品資訊的傳播工作，當行銷部通過廣告、POP、營業推廣、目錄郵寄等方式把資訊傳遞給消費者之後，消費者才對企業的產品有了初步的認識，這時就需要銷售部門趁熱打鐵，通過中間經銷商、專營店、上門銷售等方式把企業產品擺放到消費者能夠看得見的地方。這樣，行銷部門做的工作是引起消費者試購該產品的慾望；銷售部門則是把產品送到消費者身邊。

如果在將大量的產品資訊傳播給消費者後，銷售部門卻工作滯後，產品鋪擺不及時，就會出現消費者瞭解了產品卻不知道到那裏去購買的局面，這就會使行銷部門的工作功虧一簣。

⑵各種媒體的協調

每種產品的促銷都要借助於不同的傳播媒體，各種媒體之間的協調已日益受到企業的關注。

5. 促銷方案執行中問題的協調

促銷方案執行中容易出現的問題可以概括地分為兩類。

⑴企業內部問題

在促銷活動中，企業內部需要協調的問題主要有：管理職責不夠明確、分工不夠合理、方案存在漏洞、資金使用尺度理解不一、各部門存在溝通與合作障礙、獎品贈品管理漏洞等。

這些問題的協調，一是需要企業分管領導及時統一指揮，按照既定原則妥善處理。二是促銷管理部門要對這些問題的處理負基礎性責任，他們必須提出符合實際的處理意見，以供決策者採用；同時，對職責範圍內的事務，要及時妥善地解決。

⑵企業外部問題

企業外部問題主要是指促銷過程中可能發生的問題：促銷執行者對促銷策略的理解與公司理解存在差距，公司促銷政策執行不夠嚴格，促銷中發生的法律糾紛，促銷善後事務處理不當等。諸如此類問題，不應簡單地在事情發生後來處理，而在促銷方案制定、促銷策略實施前就有應急方案。

如果促銷過程中發生的事情是事前沒有預料到的，應該在公司主管的主持下，由管理部門、依託部門、配合部門、法律顧問等共同商討妥善處理的對策，以便問題得到有效的解決。

三、選擇有效的促銷方式

企業在擬訂了促銷方案後，如何選擇自己的促銷方式，將是企業促銷能否成功的一個關鍵因素。常見的促銷方式主要有以下幾種。

（一）方式一：堆頭促銷

1. 堆頭促銷的方式

堆頭促銷的目的主要是提高銷量。堆頭促銷有很多方法，但最有效、最直接的方法主要有「買贈」和「折價」兩種促銷方式。

⑴買贈促銷。採用「買一送一」等促銷形式，如買一瓶 400ml 洗髮露，送 120ml 護髮素；買一瓶洗潔精，送塊洗碗布等。

⑵折價促銷。折價促銷是最直接、最有效的一種方式，如「7 折銷售」，或「原價 180 元，現價 150 元」等。

2. 堆頭促銷的注意事項

⑴注意隨時補貨。因為堆頭促銷的銷量較大，要隨時補充，以免出現斷貨的現象。

⑵製作精美的 POP 海報。有些企業習慣於用手寫 POP 海報，但會出現字跡不工整、模糊不清、不美觀等問題，所以，建議企業最好用電腦製作精美的 POP 海報。

（二）方式二：鋪市促銷

1. 鋪市促銷的方式

⑴優惠禮包。將終端客戶經常銷售的產品組合在一起，以一

定的優惠價格銷售給客戶，以達到鋪市的目的。例如，將某超市經常銷售的，如「高露潔、飄柔洗髮露、立白洗衣粉」等日用品組合在一起，原價為 180 元，鋪市價 160 元，以吸引終端客戶訂貨。

⑵贈送。例如，贈送掛曆、台曆、試用裝、正常產品等。

2. 鋪市促銷的注意事項

⑴由於鋪市促銷會涉及到經費開銷，所以企業應事先與終端客戶溝通，弄清費用的歸屬問題。如果費用由企業與終端客戶共同承擔，其費用分擔的比例應事先明確。

⑵鋪市的路線安排。鋪市路線要具體安排到每一天。

⑶鋪市目標。規定每天鋪市的家數和鋪市的銷量。

⑷鋪市人員的獎勵計劃。鋪市是一件很辛苦的工作，為了提高鋪市人員的積極性，應制定鋪市人員的獎勵計劃。例如，每成功鋪市一家，獎勵 1 元；超過鋪市目標後，每鋪市一家，獎勵 1.5 元。

（三）方式三：會議促銷

對於季節性較強的產品，在產品銷售旺季到來之前，為使自己所經銷的產品塞滿管道成員的倉庫，佔據競爭優勢，應與經銷商溝通，協助經銷商開展會議促銷。通過召開產品訂貨會，吸引下游客戶大量進貨。

1. 會議促銷的方式

⑴遞增式促銷，即進貨量越大，獲利越多。如進貨 100 件，贈送某產品 1 件(即 100 送 1)；進貨 200 件，贈送某產品 3 件(即 100 送 1.5)；進貨 200 件，贈送某產品 4 件(即 100 送 2)。

⑵現扣。現場進貨，則優惠一定百分比。例如，倒扣 2 個點，即產品按 9.8 折銷售。

⑶聯合促銷。由於經銷商大多會代理多家產品，通過對各個廠商提供的促銷資源進行整合，以獲得良好的促銷效果，如「購六神花露水，送白貓爽身粉」。由於這兩者產品都屬於暢銷品，這種促銷對下游客戶會產生巨大的吸引力。

2.**會議促銷的注意事項**

- 為參加會議的下游客戶報銷路費。
- 每位參會者發放禮品一份。
- 會議時間為期半天，最好選擇在下午召開。
- 會上舉辦抽獎活動。
- 為客戶提供晚餐。
- 晚餐後送客戶回家。
- 廠商高級主管參與並講話。
- 樣品展示，以便產品訂購。
- 會議費用由廠家與經銷商共同分擔。

（四）方式四：新產品促銷

終端客戶必須具備新產品促銷的能力。只有企業所有的終端客戶都具備了新產品的促銷能力後，企業推出的新產品才能獲得市場認同；否則，終端客戶只會一味地推銷暢銷品，一旦暢銷品出現竄貨而引起價格波動，或暢銷品將進入衰退期，將會影響終端客戶的利潤，這樣很容易打擊終端客戶的積極性。所以，企業應幫助終端客戶開展新產品的促銷，讓終端客戶逐漸學會推廣新產品，幫助其獲得推廣新產品的豐厚利潤。

1.新產品促銷的方式

⑴買贈。即買新產品，贈送暢銷品。

⑵樣品試用。通過現有管道，將新產品的樣品發放出去，讓顧客有機會免費試用。

⑶禮包促銷。將新產品放在禮包內，其促銷方法同上。

2.新產品促銷的注意事項

⑴不能急於求成。企業應派人經常與終端客戶溝通，讓其明確新產品都有一個投入期，要有耐心，要有至少半年的市場推廣計劃，每月都要有推廣新產品的促銷方案。在這方面，企業不會做得這麼細，需要終端客戶在當地市場上對新產品慢慢培育。

產品培育需要有一個過程，但一旦新產品被市場接受，就會得到豐厚的回報。這是因為，企業對於新產品的支援力度會比已有產品大，獎勵金也會高一些；同時，由於新產品的竄貨少，市場價格穩定，利潤率高，獲利自然就高。

⑵用暢銷品帶動新產品。由於顧客在購買新產品時會擔心有一定的風險，所以，應採用在市場上有一定知名度的暢銷品來帶動新產品的銷售。

（五）方式五：路演促銷

路演原本是一種推介活動，隨著商業的發展，這種路演的形式被逐漸移植到企業產品的促銷上來，而且形式越來越豐富多彩。

跟客戶面對面地交流、溝通，不僅顯得非常有親和力，而且這種推廣的費用比起動輒幾十萬上百萬的媒體廣告來說要便宜得多。所以，這種形式被企業廣泛採用。企業在終端路演促銷過程中應注意以下幾項內容。

1. 恰當的時間、地點

什麼時間、什麼地點開展路演活動，主要是根據企業的目標受眾及其活動習慣來決定，也不一定非得週末、節假日才能開展。一般企業都選在節假日做活動，是因為這個時間能吸引更多的人潮罷了。

2. 熱烈的現場氣氛

路演參加的人越多，效果就越好。那麼，怎樣做才能吸引更多的人參與到路演中來呢？

首先，活動的現場必須有吸引力，要用氣球、彩帶、音響來營造氣氛。一般活動開始前，都要先來一段精彩的節目。如果這次的受眾是老年人，就可以先來一段京劇；如果活動是針對年輕人的，可以先來一段活力四射的街舞。當把人聚到一起之後，主持人就趁機介紹企業、產品以及開展這次活動的目的。另外，活動的內容要新穎別致，不要太單調。

在演出的過程當中，工作人員可以到人群中散發一些宣傳單，或者請人穿上一些產品氣模，在週邊走動，把人吸引過來。

（六）方式六：特價促銷

在決勝終端的各種促銷手段中，特價促銷無疑是最直接、最有效的刺激客戶購買慾望的方法之一。特價又稱產品降價銷售、特賣、打折銷售、讓利酬賓、折扣優惠等，是商家使用最頻繁的促銷工具之一，也是影響客戶購買的最重要的因素之一。

特價促銷看上去很簡單，但有的企業運用起來從中獲益，有的卻受到損害。今天，特價已成為行銷戰略中的一把雙刃劍，它可以克敵，也可能傷己。因此，有必要對特價的規律和技巧進行深入的分析、研究。

1. **特價促銷的表現形式**

特價促銷的表現形式主要有兩種：直接降價、間接降價。

2. **適合特價促銷的產品**

- 品牌成熟度高的產品。
- 消耗量大、購買頻率高的產品。
- 季節性很強的產品。
- 接近保質期的產品。
- 技術/包裝/產品形態已屬於弱勢的產品。
- 同質化程度高的產品。
- 有特點、利潤高，儘管已銷售較長時間，但尚未被客戶認可，仍需培育的產品。

3. **特價促銷的操作技巧**

- 選擇正確的促銷時機。
- 活動時間以 2～4 週為宜。要考慮客戶正常的購買週期，若時間太長，價格可能難以恢復到原位。
- 降價的金額幅度應佔售價的 15%～20%。
- 降價促銷的廣告簡單、準確，不要用花哨的形式。

4. **特價促銷的注意問題**

⑴降價要「師出有名」。巧立名目找出一個合適的降價理由來，才不致讓客戶認為是產品賣不出去或品質不好才降價。現實中，商家降價的名目和理由通常有：季節性降價、重大節日降價酬賓、商家慶典活動降價、特殊原因降價。另外，即使降價，也應儘量使用「折扣優惠價」、「產品特賣」、「讓利酬賓」等給人以較好印象的字眼。

⑵降價要精心策劃、高度保密，才能收到出奇制勝的效果。

⑶降價要取信於民。信譽好的企業降價客戶信得過，信譽不好的企業降價客戶信不過。所以在現實中，不同的企業同樣開展降價促銷，效果會大不相同。

⑷一般情況下，產品降價幅度在 10%以下時，幾乎收不到什麼促銷效果；降價幅度在 15%～20%，才會產生明顯的促銷效果；但降價幅度超過 50%時，必須充分說明大幅度降價的理由，否則客戶會懷疑這是假冒偽劣產品，反而不敢購買。而且，少數幾種產品大幅度降價，比多種產品小幅度降價的促銷效果要好；知名度高、市場佔有率高的產品降價促銷效果好，知名度低、市場佔有率低的產品降價促銷效果差。

⑸向客戶傳遞降價資訊有很多種辦法，但最直接的方法是把降價標籤直接掛在產品上，這樣最能吸引客戶立刻購買。因為客戶不但一眼能看到降價金額、幅度，同時也能看到降價產品。兩相比較權衡，立刻就能做出買與不買的決定。

⑹在降價標籤或降價廣告上，應註明降價前後兩種價格，或標明降價金額、幅度。最好把前後兩種價格標籤都掛在產品上，以證明降價的真實性。

⑺對於耐用或大件產品，客戶的購買心理有時候是「買漲不買落」。當價格下降時，他們還持幣觀望，等待更大幅度的降價；當價格上漲時，反而蜂擁購買，形成搶購風潮。企業要把握有利時機，利用客戶這種「買漲不買落」的心理，來促銷自己的產品。

⑻爭取終端的全方位支援。要充分利用特價促銷的籌碼，爭取終端全方位的支援，如免費近期的 DM、免費的堆碼支援、免費的場外促銷位置、免費的 POP，允許在終端的較好位置佈置特價

促銷的宣傳物料，促銷期間免費的賣場廣播廣告和特價期間不允許同類競爭品牌進行促銷等，並讓終端分擔一部份特價的降價損失。此外，還可利用特價單品來推廣本企業的系列產品，例如要求在終端裏進行現場促銷。

5. 特價促銷的具體操作

⑴特價促銷要針對目標客戶將促銷資訊發佈到位，讓更多的人知道促銷的資訊。在費用投入有限的情況下，一定要做好賣場現場促銷資訊的發佈。

⑵陳列在非常顯要的位置。特價促銷要爭取到最顯眼的陳列位置和最大的排面，爭取堆碼和端架陳列，讓顧客一眼就能看到特價產品。許多終端企業都會設立特價品專區，位於大廳中央，十分醒目。

⑶做好特價品現場的宣傳活動。在終端賣場外，通過促銷資訊欄、自製的展板、橫幅、海報和促銷展示台等發佈特價資訊；在終端賣場內，通過廣播、產品陳列、現場海報、導購人員導流與推薦、堆碼及喊話器等手段吸引客戶和傳遞促銷資訊。

⑷利用好特價標籤。特價標籤要標出原來的價格和現在的特價，以方便客戶比較兩種價格，有效突出「特價」；還可以寫上「特惠」的字樣，以增強顧客的價格敏感度。

⑸利用好特價 POP。特價 POP 不要用花哨的形式。特價促銷時必須使用「特別價格標示」，內容應包括「原價格」、「新價格」、「特價幅度」、「品牌包裝」、「起止日期」等資訊。最重要的是必須讓客戶能一目了然，一看就知道減價了多少。

6. 競爭對手特價的應對策略

面對競爭對手的進攻型特價，企業不能坐以待斃，要迅速採取應對之策。

⑴開展有吸引力的買贈促銷、限量超低價發售等方式來進行回擊。

⑵以不同於競爭對手特價品種的另一個品種來做特價。一般特價促銷都只選擇某一單品，針對競爭對手的進攻型特價，企業可以選擇功能不同的另一品種進行特價促銷，如此就會巧妙地避開與其正面交鋒。

⑶固定或跟風推出一個市場暢銷品種作為狙擊性品種。一旦競爭對手做特價促銷，就要推出狙擊性品種來狙擊競爭對手的特價促銷。

（七）方式七：應對競爭對手促銷

1. 應對競爭對手的促銷方式

設計促銷方式時，要注意採取比競爭對手稍大些的促銷力度。例如，如競爭對手 9 折銷售，自己就應定位在 8.5 折；競爭對手送 100 毫升，自己就送 150 毫升；競爭對手採用臨時促銷員促銷，自己也可採用臨時促銷員促銷，且人員數量要超過對方。

2. 應對競爭對手促銷的注意事項

⑴如果雙方促銷現場相距很近，不能與競爭對手的促銷人員發生衝突。

⑵在促銷時，不可詆毀對方的產品和人員。

（八）方式八：應對竄貨促銷

1. 應對竄貨的促銷方式

⑴集點促銷。當終端客戶的累計銷售達到一定量時，企業應

贈送一定金額的產品，或返還一定金額的現金，以此來吸引終端客戶長期進貨。這樣可以培養客戶的忠誠度，減少竄貨所帶來的少量利益對終端客戶的誘惑。

(2)對終端客戶進行分類，根據不同類別開展促銷。例如，將現有終端客戶分為 A、B、C 三類。在分類時，一般採用的標準是：A 類客戶數量佔 10%左右，銷量佔 70%左右；B 類客戶數量佔 20%左右，銷量佔 20%左右；C 類客戶數量佔 70%左右，銷量佔 10%左右。

企業應將管理重點放在 A 類客戶上，並將重要的資源分配給這些終端客戶。如對於緊俏產品，則只供應 A 類客戶。對於企業的促銷產品，優先滿足 A 類客戶，以培養企業與這些關鍵客戶的感情，減少竄貨對這些客戶的誘惑。如果 A 類客戶不消化竄貨的產品，竄貨的市場就會大大萎縮。

(3)以牙還牙促銷。首先要瞭解是誰把貨竄過來的，然後針對該企業，將其所經營的主要產品，以極低的市場價格少量拋售，擾亂其產品的市場價格。然後，雙方坐下來，通過互相妥協來防止同樣的竄貨現象發生。

(4)加大贈品力度，以化解竄貨的利益帶給終端客戶的吸引力。這種方法需要銷售人員的支援。銷售人員通過向企業申請贈品(產品或促銷品)，在產品銷售時，採用買贈的方式，以吸引終端客戶。另外，銷售人員也可以建議終端客戶將自己倉庫的一些利潤不高或快過期，又可用作贈品的產品拿出來，開展買贈活動。

2.應對竄貨促銷的注意事項

(1)運用以上第一、二種應對竄貨的促銷方法，貴在長期堅持，如果只是在短期內使用，則效果不會太明顯。

⑵運用以上第三、四種應對竄貨的促銷方法，貴在快速，搶在竄貨分銷的前面，或在第一時間通過電話通知終端客戶，告知其現有的促銷計劃，防止竄貨商搶佔客戶。

四、實施有效的促銷技巧

在擬訂好促銷方案、選擇好促銷方式後，接下來要做的重要環節就是實施有效的促銷技巧了。

（一）技巧一：找準促銷對象

1. 消費者促銷

消費者促銷是為了刺激消費者購買慾望，而專門針對產品消費者設計的促銷，如買贈、現場抽獎、贈券、積分兌獎、刮刮卡等。

2. 零售商促銷

零售商促銷是為了提高零售商積極性，刺激零售商進貨而設計的促銷。其促銷方式主要是：在零售商進貨的中包裝盒內，附送開盒贈品。例如護膚品，小型零售商常以10瓶為單位的中包裝進貨，則可以在10瓶的中包裝盒內，贈送一瓶護膚品，即「買十送一」；牙膏的中包裝，常以9支為單位，小型零售商常以中包裝為單位進貨，則可以對零售商實現「買九送一」的促銷活動。

3. 批發商促銷

批發商促銷是為了提高批發商的積極性，刺激批發商進貨而設計的促銷活動。其促銷方式主要是：在批發商進貨的大包裝箱內，附送開箱贈品。如批發商常以箱為單位進貨，而小型零售商常以盒為單位進貨。企業可以在每箱內附送贈品。當批發商開箱時，就可以獲得開箱贈品。

4. **經銷商促銷**

經銷商促銷是為了提高經銷商的積極性，刺激經銷商進貨而設計的促銷活動。其促銷方式主要是：在箱外附送贈品，如「買三十箱送一箱」。

（二）技巧二：選對促銷產品

1. **暢銷品的促銷**

暢銷品是企業銷售的主要來源，同時也是企業利潤的主要來源。但暢銷品的價格非常敏感，難以控制，一旦出現價格波動，則終端客戶的銷售積極性將會受到嚴重打擊。如果促銷方法不得當，就會影響暢銷品的市場價格，促銷就會得不償失。所以，暢銷品的促銷應堅持「確保價格穩定，杜絕竄貨發生」的原則。

⑴暢銷品促銷的方法

①消費者促銷。由企業統一組織的消費者促銷，主要包含直接印製在產品包裝盒上的刮刮卡，能使消費者得到實惠；同種產品的買贈，如買一瓶 400ml 的洗髮露，送同樣 400ml 的洗髮露一瓶。

②零售商促銷。要做好零售商促銷，必須要研究零售商進貨的包裝單位。如零售商的進貨是以盒為單位，則在設計促銷時就應以盒為單位進行促銷，讓終端零售商也能得到實惠。

如果企業暢銷品的品種少，只有 1～2 個品種，但佔企業銷量的比重大，達到 70%以上，則企業應少做促銷，以提供優質服務為主；反之，如果企業的暢銷品種多，達到 10 個品種以上，且每個品種佔企業銷量的比重比較平均，如佔 10%左右，則企業可以多做促銷，且以循環促銷為主，每次選擇 1～2 個應季產品作為促銷產品，同種產品的促銷時間間隔應控制在 3～6 個月，保證當下次進行同種產品促銷時，原來促銷的產品應該早已被市場消化。

(2)暢銷品促銷的注意要點

- 少做促銷。
- 促銷力度不能太大。
- 所有促銷必須在包裝物上有明確的標識。
- 只做消費者和零售商促銷。

2. 輔銷品的促銷

對於輔銷品的促銷，易採用大力度、高密度、少量、全方位的促銷方式。在滿足市場需求量的前提下，儘量讓促銷對象獲利。只有這樣，才能提高管道成員銷售輔銷品的積極性，逐步提高輔銷品的銷量。

(1)大力度

大力度是指在設計促銷活動時，採用較大幅度優惠的促銷方式，如 6 折優惠、買二送一、高價值的贈品等。

(2)高密度

輔銷品作為暢銷品的必要補充，應以促銷作為其銷售的主要方式。所以，應在儘量短的時間內，對同樣一種產品進行促銷，如隔一段時間促銷一次。

(3)少量

由於輔銷品的銷量並不大，所以每次促銷活動分配給終端客戶的配額不宜過多，以免造成其資金積壓或降價銷售。所分配的數量應以市場的需求量為基礎，在不降低其價格的情況下完成銷售，真正使促銷對象獲利。

⑷全方位

對輔銷品銷售管道的每個成員，如經銷商、批發商、零售商、消費者等，應同時進行促銷，以提高每個管道成員的銷售積極性。

3. **新產品的促銷**

新產品的促銷，一定要利用現有暢銷品的管道和消費者優勢，儘快進入市場。通常，這類產品在促銷時應注意以下事項。

⑴利用現有暢銷品，通過對消費者「買一送一」的活動，即每買一瓶現有的暢銷品，贈送一瓶新產品的試用裝，以提高消費者對新產品的認知度。

⑵為提高終端客戶對銷售新產品的積極性，在同等產品獎金的基礎上，企業還應提供額外的獎勵金。如銷售老款電腦的獎勵金為 4%，但對於銷售新款電腦的獎勵金額外增加 2%，即銷售新款電腦的總獎勵金為 6%。這種額外獎勵金應有時間限制，一般情況下，新產品界定的時間為半年或一年。

4. **淘汰品的促銷**

淘汰品由於不用擔心競價竄貨等問題，所以其促銷方式也就沒有了限制，只要能儘快達到清倉的目的就可以了。

五、評估促銷活動效果

企業通過對促銷活動的全面剖析，可以確定促銷活動的科學性、合理性程度，總結促銷活動實施階段的成果與不足，從而為今後制定新的促銷計劃及組織新的促銷活動提供寶貴的經驗及資料。企業在進行促銷活動評估時，可從以下幾個層面入手。

（一）層面一：廣告效果評估

當今市場競爭日益激烈，企業投入廣告的費用也越來越大。企業在廣告上花費了大量的人力、物力、財力，總希望能達到預期的目標。但這只是企業的一廂情願而已。實際情況是很多企業花了大量的費用做鋪天蓋地的宣傳和廣告，但結果卻收效甚微。為了對廣告進行有效的計劃與控制，企業還必須對廣告的效果進行評估。評估廣告效果已成為企業廣告活動的重要組成部份。具體來說，廣告評估大體可按以下程序進行。

1. 確定評估範圍

由於廣告效果具有層次性特點，因此研究問題不能漫無邊際，而應該事先決定研究的具體對象，以及從那些方面對該問題進行剖析。廣告效果評價人員要把企業廣告宣傳活動中存在的最關鍵、最迫切需要瞭解的效果問題作為測定的重點，設立正確的測定目標，選定測定課題。

廣告效果評估課題的確定方法一般有兩種：一種是首先瞭解企業廣告促銷的現狀，根據企業決策層的要求確定分析研究的目標，即企業廣告促銷現狀—企業發展目標—企業廣告效果評估課題；另一種是根據企業的發展目標來衡量企業廣告促銷的現狀，即企業發展目標—企業廣告促銷現狀—企業廣告效果評估課題。

2. 搜集有關資料

有關資料主要是指企業的內部資料和外部資料。企業內部資料包括企業近年來的銷售、利潤狀況，廣告預算狀況，廣告媒體選擇情況等。企業外部資料主要是與企業廣告促銷活動有聯繫的政策、法規、計劃及部份統計資料，企業所在地的經濟狀況，市場供求變化狀況，主要媒體狀況，目標市場上消費者的媒體習慣以及競爭企業的廣告促銷狀況。

3. 整理和分析資料

整理和分析資料，即對通過調查和其他方法所搜集的大量資訊資料進行分類整理、綜合分析和專題分析。資料歸納的基本方法有：按時間序列分類，按問題分類，按專題分類，按因素分類等。在分類整理資料的基礎上進行初步分析，摘出可以用於廣告效果評估的資料。

分析方法有綜合分析和專題分析兩類。綜合分析是從企業的整體出發，綜合分析企業的廣告效果；專題分析是根據廣告效果測定課題的要求，在對調查資料匯總以後，對企業廣告效果的某一方面進行詳盡的分析。

4. 論證分析結果

論證分析結果是指運用科學方法，對廣告效果的評估結果進行全方位的評議、論證，使評估結果進一步科學、合理。

（二）層面二：推銷人員評估

推銷人員的評估是企業對推銷人員工作業績考核與評估的回饋過程。影響推銷人員業績的因素有很多，因此對推銷人員的績效考評難度很大，這就需要建立一套行之有效的指標體系和合理的評價方法。

1. 評估資料來源

企業應經常掌握推銷人員的有關資料，以便進行合理的評估。推銷人員的績效考評資料通常有以下幾個方面的來源。

⑴工作報告

評估推銷人員最重要的資料來源是推銷工作報告。推銷工作報告分為兩類：一是推銷人員的工作計劃；二是推銷人員的訪問報告記錄。推銷人員的工作計劃能使管理部門及時瞭解到推銷人員的未來活動安排和現在正在進行的活動，為企業衡量他們的計劃與成就提供依據；訪問報告是對每一次客戶服務情況的彙報。管理部門通過推銷人員的訪問報告可以及時掌握推銷人員以往的活動、顧客帳戶狀況，並可以提供對以後訪問有用的情報。

⑵銷售實績

這是對推銷人員工作績效最直接、最具體的評價，也是對推銷人員績效考評最重要的資料，一般可以通過查閱會計資料取得。推銷人員推銷實績通常表現為銷售額、新增顧客數、推銷訪問的平均成本等絕對指標。

⑶顧客評價

推銷人員代表企業與顧客進行接觸和溝通，其一言一行都受到顧客的監督，顧客的評價是衡量員工績效較為客觀的指標。所以，企業在收集考評資料時應重視顧客的反映。

2.考評方式

對推銷人員的績效考評一般有以下兩種方式。

⑴橫向評估

橫向評估即在推銷人員之間進行比較，將各個推銷人員的績效進行排序和比較。這種方式能明確地區分出企業內各推銷人員間的績效差異，是確定其工作報酬的基礎。企業通常都是把團隊中推銷業績最高者作為比較的基準，給團隊成員以壓力和動力，激發他們的工作鬥志。

⑵縱向評估

縱向評估即對推銷人員現在的績效與過去的績效進行比較，

衡量其績效改善情況，為管理決策提供理論依據。例如，銷售量增長率、新增顧客數、本期顧客淨增加數等就是基於縱向評估的指標。

（三）層面三：營業推廣評估

營業推廣評估的常用方法是進行銷售業績的變動比較，即比較營業推廣活動開始前、進行中和結束後三個時期的銷售額變化情況，分析營業推廣活動的成效。一般地，在推廣進行中的銷售情況總是比較好的，關鍵是推廣前後的比較。

1.營業推廣前後的銷售額增長率

該指標是衡量營業推廣成敗的關鍵指標。企業營業推廣的目的不僅是為了取得推廣活動期間的高銷售率，更重要的是為了保證營業推廣後銷售額的持續增長。

2.營業推廣前後的市場佔有率

市場佔有率是衡量企業競爭能力的硬指標。如果在推廣活動後，企業的銷售額或市場佔有率高於推廣活動前，就說明推廣活動有成效，應在適當的時候繼續採取同樣的推廣方式；若推廣後的銷售額或市場佔有率與推廣前持平或降低，則說明推廣失敗，應該重新調整營業推廣的組織方式和推廣手段。

營業推廣後的銷售額增長或市場佔有率發生變化，是受多種因素共同影響的結果，所以，還應該結合對消費者行為的分析、消費者調查等方法來評估營業推廣活動的實際效果。

3.營業推廣活動本身的評價指標

對營業推廣活動本身的評價，企業可以採取以下一些指標：銷售利潤率；銷售的百分比；每一單位銷售額的促銷活動成本；

贈券收回的百分比；因示範而引起詢問的次數等。

（四）層面四：公共關係評估

公共關係方案實施的一個重要因素是時機。企業可以利用一些特殊事件或突發事件來實施公共關係方案，或者創造某些條件使平淡無奇的事情變得富有新聞性，以此大做文章，以增加公共關係活動的效果。有時候，一些看似對企業有負面影響的事件，如企業的產品品質危機、服務危機等，如果企業重視，運作得當，也會成為企業開展公關活動的契機。

有很多公共關係的機會，特別是新聞傳播方面，往往取決於企業公共關係從業人員與某些「特殊人物」(如報刊雜誌編輯、主管等)的關係，因此，企業應該採用那些有一定背景的人來從事公共關係工作。

由於公共關係的主要目的是樹立企業的形象與聲譽，不是直接地去推銷某種產品，而且往往與其他促銷工具一起使用，因此，公共關係活動的效果很難進行衡量與評價。比較常用的衡量辦法是看公共關係活動在新聞媒體上的展露次數；或在公共關係活動後，消費者對企業或品牌的知名度、美譽度及態度偏好方面的變化情況；或是觀察實際的銷售額與利潤額的變化。通過對這些方面進行分析，可以對企業的公共關係活動及效果做出較客觀、準確的衡量和評價，並對未來的活動提出建議。

第十四章

該做的都做了，為什麼銷量還是上不去

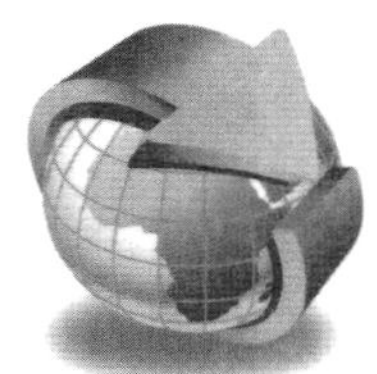

幾乎在各個企業行銷組織的層面，我們都聽到過這種或者困惑、或者鬱悶的感慨：「該做的都做了，銷售量為什麼還是上不去！」怎樣讓那些「都做了」的工作做出業績上的成效，才是真正見行銷功力的地方。

幾乎在企業行銷組織的各個層面，我們都曾經聽到過這種或者困惑、或者鬱悶的感慨：「該做的都做了，銷量為什麼還是上不去！」

這個問題的關鍵在於前半句。如果細細問究起來，這半句話裏還有可推敲的地方：

「該做的」──有那些工作是該做的？對這個問題回答的深淺粗細，也許就是「銷量還是上不去」的主要癥結所在。

「都做了」──看不到的工作，自然談不上「做了」；即便是看到了的工作，做到了什麼程度，也可以決定結果的不同。

當然，這樣的認識也許人人會有，並沒有什麼高明之處。不過，怎樣排查、發現那些「該做的」卻沒有看到的工作，怎樣讓那些「都做了」的工作做出業績上的成效，才是真正見功力的地方。

一、發現問題是解決問題的機會

行銷工作中最重要的就是診斷問題，聚焦核心因素。如果不能確定「該做的都做了，銷量還是上不去」的主要原因，別人再好的經驗都是枉然。

有句話說得好：「方法總比問題多。」因為問題本身就是解決的機會。行銷實踐中最重要，也是最困難的工作，就是診斷問題，聚焦核心因素。成功的原因是相似的，而失敗的原因千差萬別，如果不能確定「該做的都做了，銷量還是上不去」的主要原因，別人再好的經驗都是枉然。

對於這個困境，我們要從三個層面上「找問題」。

1. 行銷戰略和市場定位：有沒有偏差

行銷戰略和市場定位錯誤，導致的結果是不能走在「有成果」的方向上。行銷戰略和市場定位的偏差，不是策略和戰術能夠扭轉的，更不是有效執行和細節完善能夠解決的。

行銷戰略和市場定位的錯誤，主要表現在三個方面：

⑴區域市場選擇不當

區域市場的基本「地力」狀況，是保證行銷投入和產出效率的基礎。由於文化習俗、經濟發展水準等方面的巨大差異，使得南方與北方、東部與西部、城市與農村市場的「地力」存在巨大差異。有些產品在一地市場很大，而在另一地市場則很小，甚至沒有市場。

⑵**細分市場定位偏差**

即使區域市場的「地力」比較「肥沃」，市場容量比較大，但由於細分市場的客戶定位不準確，也會導致投入和產出失衡。例如：某企業進入市場推出 180 元～240 元的兩款產品，主攻春節大眾禮品市場，銷售狀況與預期相距甚遠。促銷員反映：「消費者看的多、問的多，就是買的少。」市場調查發現，春節大眾禮品市場主流產品的價格是 80 元～120 元，價格定位的失誤導致該企業不在主流的細分市場上，銷售業績自然不會好。

⑶**資源缺乏規劃或配置不足**

哲學上有個基本道理：只有量變積累才可能形成質變。做市場也是同樣，各種宣銷推廣活動、經銷商的客情關係維護等只有做到一定程度，有了一定「量」的積累，才能引起市場的「質」變，「引爆」市場。這就如同燒水，不到攝氏 100 度就不能煮開。

消費者需求的成熟程度、品牌和網路的市場基礎以及市場的競爭態勢等，綜合決定了區域市場需要積累「量」的多少。如果沒有認清各個區域市場需要的「量」，粗放地配置資源，很容易造成有些市場因為「量」的積累不足，市場不能「引爆」。

2.**行銷策略：怎樣出拳**

⑴**核心行銷策略定位是否準確**

某飼料企業開發市場，由於缺乏品牌力和分銷網路，因此以村鎮終端為依託，大規模開展技術服務活動，以此提升品牌力、構建終端網路，結果投入產出嚴重失調，不得不退出市場。

飼料行業「賒銷」的購買習性，決定了企業核心行銷策略必須以「掌控」管道資金為主導，因此，該企業首先應該設計有強烈驅動力的管道利潤、有吸引力的消費者促銷，構建具有「賒銷」能力的管道和網路，然後才是圍繞終端的消費群，有針對性地開展貼切的技術服務，提升品牌形象，增強經銷商信心。

簡單地說，核心競爭策略就是與競爭對手差異化優勢的要點，它與行業發展階段、消費者的消費和購買習性以及市場競爭狀況有關。核心競爭策略發生偏差，猶如「重拳」打在「棉花」上，再重也很難達到預期效果。

⑵行銷策略怎樣組合

行銷策略就是出擊市場的武器，不在多而在於精、在於有機組合，要在行銷策略組合的整合性、節奏性和精準性上下功夫，依靠一套「組合拳」有組織地出擊市場，而不是一個「拳頭」，更不是一根「指頭」。如果行銷策略組合的整合性、節奏性和精準性不足，表現在策略運用上就會出現「散」、「亂」、「濫」、「淺」。

- **「散」──管道、傳播、產品、價格策略缺乏有機整合，沒有形成合力。**

管道、傳播、產品、價格策略要形成「組合拳」，相互協同出擊市場，才能打開局面，夯實市場。例如上述飼料企業，首先，要搭建有資金、能夠「鋪底」銷售的經銷網路，而不是一味降低銷售重心。其次，選擇市場普遍認同的 1～2 款產品，快速入市，迅速上量。

再次，設計有吸引力的通路價格體系，滿足經銷商和終端的利潤需求，充分激發管道積極性。最後，是豐富的管道和消費者促銷組合──設計提貨、投款等獎勵政策，使通路利潤處於動態之中，不斷牽引和刺激通路；設計豐富的、差異化的消費者促銷方式，圍繞典型客戶開展貼切的技術服務，深化消費者溝通等，分步驟、有節奏地進行市場「攪動」，儘快消化終端存貨。終端庫存流動越快，經銷商的信心就越強，正所謂管道是「衝」出來的。如果在管道、產品、價格策略不配套、不支援的基礎上，試圖以「技術服務」打開市場突破口，只會使「行銷員」變成「技術員」，市場當然做不好。

‧「亂」──缺乏節奏控制，市場借勢不夠。

做市場，關鍵是借市場的「勢」──經銷商積極性、消費者口碑等，而不是僅僅依靠一己之力去推動。

市場「借勢」是依靠行銷策略的節奏打出來的。例如飼料企業進行終端鋪貨，在輸出經銷商和終端進貨政策後，要及時跟進POP、條幅等終端生動化工作，讓經銷商、終端有積極性、有信心做好市場，終端才會積極配合開展技術服務活動，否則僅依靠廠家自己的力量來組織，很難找到典型客戶群，費人、費財、費物、費時，往往事倍功半。

除了各項策略實施的順序之外，策略實施的時機性也很重要。時機選擇不合適，也難以達到預期效果。例如，品牌塑造要根據品牌的成熟程度，控制合適的「推、拉結合」、「空、地結合」的推廣節奏，一味投入廣告「狂轟濫炸」，只是「靠天吃飯」，不注重「地面紮根」，這樣的失敗案例太多了。

‧「濫」──缺乏深刻的市場分析，盲目借鑑和模仿。

常用的行銷策略和手段，如差別化定價、買贈、捆綁、抽獎、返券、特殊陳列、台階獎勵、堆頭促銷、消費體驗、會議行銷等，已經被用得太泛太濫，經銷商和消費者都已經麻木，這就需要以消費者的需求為「基準」，以競爭對手的策略為「標杆」，提高策略精準性，做到「一顆子彈消滅一個敵人」，保證資源投入效率。

·「淺」──策略目的性不強、針對性不夠，形式重於內容。

所有行銷策略出台前，都必須回答清楚一個問題：消費者、經銷商對此是否「感冒」？不能「觸動」消費者、經銷商的策略就是在浪費資源。比如，買贈不能只關注本企業的或廉價的產品，要結合區域、季節消費熱點進行，要讓消費者感到既「佔了便宜」，又有切實用途；會議行銷一定要以至少抓住幾個潛在客戶和現實客戶為目標，不能僅停留在以會議進行消費者教育、產品推介和品牌推廣的層面上。

3.執行，有沒有生命力

即便行銷戰略到位了，行銷策略整合好了，但執行不到位，尤其是有組織的執行不到位，同樣也沒結果。執行不到位，一方面表現在隊伍執行力不強，無法落地，另一方面就是執行缺乏能動性，不能根據區域市場競爭品態勢靈活、創新地應對，隊伍的能力出現了問題，可以對照檢查三種現象：

⑴形式主義──「形似神不似」

某企業開展「社區電影節+抽獎贈飲」活動的目的：一是「市場造勢、品牌推廣」，二是鎖定目標消費者。按照活動要求，在放電影和贈飲的同時進行社區包裝，如掛條幅、樹公益牌，建立潛在客戶名單並進行回訪。但實際執行的結果是：看電影場面很熱烈，但很多贈飲不是被目標客戶喝了，觀眾散去後社區沒有留下什麼，記錄的消費者名單也沒有回訪和跟蹤。對行銷策略或活動目的和操作要點瞭解不深入、不精細，「照葫蘆畫瓢」，結果只能是「為做活動而做活動」。類似的情況還有：終端陳列位置確實不錯，但是陳列的競爭性不足、緊貼不夠，對競爭品不能形成有效打壓；沒有和營業員保持良好的客情和人際關係，陳列位置被調整、數量不足、不良產品上架甚至斷貨等。

⑵**拿來主義——走樣、變味**

一家企業看到別的企業社區行銷效果不錯，自己照樣模仿，結果社區造勢倒是熱烈，終端就是沒有銷量，問題出在那裏？它沒有看到成功企業的社區行銷是前有「情感」的文化行銷，後有「功能」的產品行銷，不管自己的「產品行銷」賣點是否鮮明，不管自己的「文化行銷」主題是否清晰有個性，一味地機械模仿，拿來就用，缺乏創新和靈活運用，效果當然做不出來。

⑶**片面主義——「點」、「面」結合不夠**

「點」、「面」結合不夠體現在兩個方面：一是重視「點」，忽視「面」。比如一味地重視陳列、展示的重要性，而忽視了陳列、展示區之外的 DM、POP 的集客效應；一味地強調核心終端作為「市場制高點」的出貨和輻射能力，強攻核心賣場，而忽視了週邊賣場，終端「積少成多」和反輻射的能力。

二是重視「表面」，忽視「實質」。比如過分強調終端的鋪貨速度和覆蓋率，結果「三六九等」的終端都進來了，市場看似「站」好位了，但很多處於觀望之中的優秀終端卻進不來了。

圍繞戰略、策略和執行三個層面，對「該做的都做了」進行分析，把問題界定清楚，「銷量上不去」也就不難解決了。

二、銷量提升的「關鍵字」

很多業務人員總是就銷量說銷量，就當月說當月，只說當期銷量如何完成，月月「擠牙膏」，他們沒有抓住銷量提升的主體工作。

工作都做了，銷量沒提升，原因還是在於工作本身。能夠提升銷量的工作，必須把握住五個「關鍵字」。

關鍵字 1：方向——找到正確的工作方向

某速食麵企業為了提升銷量，滿足 7 月份新擴建設備的開機率，發動全體業務隊伍開發新市場，進行所謂的「四面突圍」。結果卻是連續幾個月業績下滑，別說新擴建設備的開機率，就連原有的幾條生產線都無法滿負荷運轉，更嚴重的後果是由於老市場疏於鞏固，丟失嚴重。

眾所週知，7 月份是速食麵行業一年中消費最淡的季節，經銷商都開始轉移經營重點，把主要精力投入到啤酒、飲料等季節性產品上。這家企業此時卻把行銷工作的方向定位於新市場開發，集中人力、物力、財力，做的卻是無效。

「方向大於方法」是個不爭的事實。要想讓銷量提升，首先要找對產生銷售增量的工作方向，然後圍繞增量方向找方法，即先做正確的事，再去把事做正確。如果工作方向定錯了，所有的工作都將是徒勞。

關鍵字 2：到位——工作必須做到位而不是做多少

參加一家企業的月行銷會議時，發現他們佈置工作的時候很全面、很細緻，簡直就差教給每個業務人員出門如何走了。會後，這家企業的行銷老總很困惑地說：「我們每個月都把工作給業務人員安排得滿滿的，讓他們把時間都要花在完成工作上，可銷量卻總還是難以提升！」

事後，我們在市場走訪中發現，業務人員在市場上確實很忙，為了完成所有月初佈置的工作疲於奔命，但大部份工作幾乎是應付，更不用說做得扎實、到位。如果所有的工作都做成了「半拉子工程」甚至是「豆腐渣工程」，銷量提升當然難以指望。

以往的競爭，誰先做了誰就可能是優勝者。但是現在所有的企業都在做幾乎相同的事，這就要看誰做得到位，誰做得更好。你做了多少並不重要，做到什麼程度才是最重要的。

市場競爭的加劇，導致了十分耕耘才有一分收穫，同質化競爭的遊戲規則是：不是做了多少，而是做到位了多少。尤其是一線人員的工作，最大的難度不是技能上的而是心理上的，因為一線行銷工作單調枯燥，這種簡單、重覆性的工作很容易消磨人的意志，讓人產生工作厭倦，出現「敷衍」情緒應付差事，但推動銷量提升的工作並不以多少來論，而以做到位多少來論。

關鍵字 3：時機——在適當的時候做適當的事

新產品本是推動銷售的重要手段，某速食麵企業在 4 月份上市了個新品，產品本身非常不錯，推廣方案和推廣工作也都做得無可挑剔，但最終的結果卻是損失慘重。為什麼？

原因其實很簡單：推廣時機選擇錯誤。每年 4 月份是進入高溫期的第一個月，也是速食麵進入消費下滑期的第一個月，這個時候消費者對新產品接受較慢，通路上大量堆貨造成的第一印象就是產品不好賣，再加上高溫期產品品質易受影響，新品推廣困難重重。

有時候，工作的方向是正確的，工作方法和執行上也不存在問題，但是銷量仍然難以提升，這就要從「時機」上查找原因。「正確的工作+合適的時機=銷量提升」，缺乏外部的時機和環境條件，導致「起個大早，趕個晚集」的情況並不少見。把握時機是做好任何工作的基本前提，如果不能把正確的方法和恰當的時機有效結合，我們的努力就會事倍功半。

關鍵字 4：系統——成效產生於系統

一家食品企業在某省市場多年佔據主導地位，但銷量始終在 800 萬元～1000 萬元之間徘徊，負責該省市場的經理也說：「該做的工作已經都做了，就是沒銷量。」然而，一家後來的企業，銷量卻在短短 3 個月內突破了 1800 萬元，成為了該省市場上新的主導產品。

原因在我們後來的市場調查中找到了：曾經多年佔據市場主導地位的這家企業，一直是依靠其產品優勢，他們的客戶固守老產品，拒推新產品，企業促銷費用被客戶截留，而業務人員躺在已有業績上「吃老本」。後來居上的這家企業，則靠產品特色以及客戶和業務人員的拼搏，加上巧妙的促銷策略，把對手拉下了寶座。

行銷由多個要素構成，行銷工作本身就是一個系統，銷量提升是系統作用的結果，因此不能只寄希望於某一個「點」，必須做成「面」。

抓住一點不及其餘，這是銷售工作中的一個通病。如果費用只投向經銷商而忽視了二批和零售，經銷商的庫存就不能持續分流，銷量就無法持續提升，如果只注重通路推力而忽視對消費者的拉力，產品在通路上就會出現「腸梗塞」，銷量也無法提升；如果只注重空中「轟炸」而忽視地面「攻勢」，也會出現「有名無量」的銷售空架子。

關鍵字 5：積累——銷量提升是持續推動的過程

在主持一家食品企業的區域市場銷量分析會時，報表顯示：A

市場 2～5 月份月銷量一直是在 15 萬元左右，但 6～8 月份月銷量卻在 50 萬元以上；相反，B 市場 2～5 月份月銷量一直在 40 萬元以上，而 6～8 月份月銷量卻下滑到不足 10 萬元。

詢問原因，負責 A 市場的業務員說，2～5 月份幾乎沒有投入促銷費，只是在產品推廣和網點開發方面下了功夫，進入 6 月份做了一輪促銷集中突破，銷量就逐步上升，負責 B 市場的業務員則說，2～5 月份他向公司申請了促銷費，並且每月促銷力度不斷加大，銷量也不錯，但進入 6 月份由於促銷使產品價格透明，加上倒貨、倒價現象，銷售網站拒絕接貨，銷量一路下滑。

顯然，如果不能有效地、始終如一地圍繞銷量提升做工作，採取「突擊」的方式很難使銷量提升成為一個持續的過程，一定會出現一個高點之後必有一個低谷的銷售局面，總體銷量並不能有效提升。

現實中，很多業務人員總是就銷量說銷量，就當月說當月，只說當期銷量如何完成，月月「擠牙膏」或者把銷量提升看成一個數字遊戲，不抓銷量提升的主體工作，不圍繞銷量提升統籌安排工作，不是把銷量提升看做一個持續的過程，更有甚者採取「花錢買銷量」的短期行為，只為當期銷量釋放所有市場「能量」，這種做法無異於揠苗助長。銷量提升是從能量聚積到能量釋放的一個持續的、良性循環的過程，行銷工作只有不斷給市場注入「能量」，才能讓銷量實現持續提升。

三、銷售自檢：該做的未必都做了

「該做的都做了，銷量還是上不去」，其真相一定是「該做的還沒有做好，銷量才沒有上去」，因為啟動銷量的「按鈕」掩藏在常規工作之後。很多區域經理一個月辛辛苦苦工作下來，看著月底的銷售報表，忍不住歎氣：「唉！鋪貨、展示、促銷……該做的都做了，銷量為什麼還是上不去啊！」

分析這種現象，其實並不是「該做的事都做了，銷量還是上不去」，一定是「該做的事還沒有做好，銷量才沒有上去」。所以首先是發現問題，然後才是解決問題，正所謂沒有做不到，只有想不到，發現不了問題，問題就永遠不會被解決。

問題該從那些方面去找呢？

1. 產品

一家知名的速凍食品企業在進軍市場時，經過了前期的大規模鋪市後，有了一定的銷量基礎，但隨後的一段時間銷售始終不能上到一個新的台階，這個時候很多人都認為該做的都已經做了。該企業銷售經理在經過大量的超市終端調查後發現，市場的主銷產品均為 500 克袋裝產品，其大部份銷量均被市場第一的品牌佔據，但是該品類缺乏其他規格的包裝產品，於是果斷上報總部，大量推出 1000 克大包裝和散裝產品，結果該產品從規格上凸顯差異化，規避了與優勢品牌的正面衝突，整個市場迅速被啟動，銷量連連翻番。試想，如果沒有從發現機會的角度看問題，這位經理一定也在高呼：該做的都做了。

無論發現問題還是解決問題，首要的都是銷售工作的自檢。銷售工作的自檢要從銷售最基本的產品方面開始，每個區域市場的類型和適銷對路的產品不盡相同，一定要經過深入的市場調查研究，確定每個市場的產品組合和主銷產品。

關於產品的自檢主要有：產品的種類、規格是否適銷對路，是否齊全；產品是否有突出的賣點；是否有新品的不斷補充和更新等。這需要區域經理逐個市場親自走訪，調查研究，並定期收集產品資訊，定期追蹤分析，不斷在現有的產品組合上進行調整和提高。自檢的方法主要包括市場分析和消費者分析，最為簡便的就是在市場上進行抽樣的統計調查，以市場第一品牌的產品規格和種類銷量為參照，與本品進行對比，找到差距和問題，再分析本品各種類、規的優劣勢和機會點，有針對性地進行產品策略的調整。

2. **價格**

某快速消費品品牌在 S 省市場銷售長期停滯不前，該省經理在產品、促銷、廣告等方面下足了功夫，可市場還是不見起色，無奈之下，市場部進行了廣泛的調查，最終發現問題出在該產品的價格體系上。

該產品的價格體系中，將總經銷商的毛利定在了 2.5 元/件，而二級經銷商和縣級經銷商的毛利為 1.5 元/件。該產品是短保質期產品，需要快速流轉，同時經銷商會擔負一定的臨過期產品處理風險。S 省是個以縣區和鄉鎮為主管道的大省，地域遼闊，人口眾多，大部份產品必須由二級經銷商銷售出去。但是在這個價格體系裏，二級經銷商的毛利在減去配送成本後，無力承擔短保質期產品特有的回調和售後服務費用，二級經銷商就採取減少配送頻次和售後服務，來控制成本實現盈利。這就陷入了惡性循環：越不敢配送，網點就越少，貨賣得就越少；配送頻次越少，售後服務問題就越多，費用就越高。這些問題直接導致了大部份二級經銷商根本沒有積極性。解決不了這個問題，再多的廣告和促銷都產生不了根本性的作用。

找到了真正的問題，該品牌責令區域經理迅速調整價格體系，將總經銷商對二級經銷商的供貨利潤降到 1 元/件，二級經銷商的毛利提高到 3 元/件，同時規定二級經銷商必須拿出 2 元/件的費用，用在提高售後服務和承擔回調貨的損失上。價格體系調整後，二級經銷商的積極性一下子激發起來，整個市場出現了巨大的變化，銷量逐月遞增，甚至出現供不應求的局面。

銷售工作自檢的第二步是市場的價格及體系問題，區域經理不僅要關注一個城市市場的價格及體系是否合理，同時還要關注整個區域市場的價格及體系是否平衡。不合理的市場定價可以讓一個產品無法良好地銷售，甚至會使產品迅速死亡；不合理的價格體系則會讓整個流通管道逐漸喪失戰鬥力，逐漸萎靡不振。反之，產品在合理的定價和價格體系下會煥發出旺盛的生命力，像一台自動流水線一樣不停運轉。

作為區域經理，應當仔細分析每個市場競爭品的定價和價格體系，既要保證自己價格體系的競爭力，又不能破壞利潤基礎；既要保證各管道的積極性，又要維護好價格秩序。在銷售工作中，區域經理要不斷檢查市場價格執行情況，分析競爭品的價格對比，研究各級管道的運作成本和利潤水準，察看各級管道的出貨價格是否平穩，市場價格秩序是否良好。有了合理而平穩的價格體系，銷售工作就能正常開展。

3. **管道**

某飲料企業在 S 省市場一直以可口可樂為榜樣，奉行可口可樂公司「買得起、買得到、樂得買」的原則，依靠適中的價格和完善的經銷體系迅速鋪開市場，鋪市率一度逼近可口可樂，銷量實現了迅速增長。接下來，該品牌開始大做終端包裝，通過一段時間的終端包裝和促銷，各終端陳列形象也得到了全面提高，整個市場形勢一片大好。可是一段時間後，區域經理發現在鋪市率不錯、陳列形象也很好的情況下，銷量竟然沒有增長，個別城市還出現了下滑，他百思不得其解。

後來在不斷走訪一線市場的過程中，他發現在絕大多數終端店裏，該品牌雖然位置和形象都不錯，可是終端存量卻只是主競爭品的幾分之一，放在店裏沒有一點氣勢。經過幾個市場的走訪和總結，發現問題恰恰出在學習了可口可樂公司的「1.5 倍庫存法則」上。原來，各市場的配送方式都是按照這個法則進行的，這樣在沒有很大流量的入市初期，採用和成熟品牌一樣的配送原則，必然導致終端庫存太低，從而嚴重影響到該產品的陳列豐滿度，以及終端對該產品的銷售信心。

發現這個問題後，該經理立即糾正這種做法，並迅速推出了為期 3 個月的終端陳列活動，針對不同店面確定不同的終端陳列數量。通過這次活動，該產品大大提高了終端的庫存和陳列數量，而在各終端存量加大的同時，直接帶來了連續的銷售增長，「貨賣堆山」的道理得到了充分的體現。在後來的總結中，這位經理很有感觸地說：「要想讓銷量往上走，該做的都做了還不行，還要看有沒有做對啊！」

管道問題往往是銷售上不去的主要原因，管道建設中有兩個關鍵因素，就是終端的數量和品質。如果銷量上不去，在管道上一定是這兩個因素沒有做好。

終端數量就是指鋪市率，檢查終端數量一定要注意鋪市率的真實性。在管道問題中，最常見的就是鋪市率不真實，很多區域經理常常只是從報表上來看鋪市率，但這往往並不是真實的。鋪市率是動態的而不是靜態的，可能因為促銷活動而增加，也可能因為競爭品打擊而減少，而且售後服務不到位也會使終端數量減少，但是因為大部份的鋪市率數據來自很久以前的一次普查或者是經銷商和業務員的預估數字，又因為鋪市率常常是一個很重要的考核指標，經銷商和業務員出於自身利益考慮，往往會上報一個較為理想的數據。

在這種情況下，區域經理常常被迷惑了：這麼高的鋪貨率怎麼還不賣貨呢？這種時候，就一定要重新對各市場進行鋪市率評估了。具體的方法有很多，最簡單最有效的還是親自到一線去看看，你可能會大吃一驚：原來鋪市率是這麼低啊，不是該做的都做了，而是該做的還沒做啊！

再說終端的品質問題。終端的陳列、存量等都是非常重要的品質因素，這裏主要談一下存量。在一個終端裏，產品的存量往往是很容易被忽視的因素，大家普遍關注的是陳列，要求的是位置和形象，卻很少關注產品的存量到底會給銷售帶來什麼影響。

關於產品終端存量，1.5 倍法則在保證庫存成本和日期新鮮度方面發揮了積極作用，但它並非對任何產品、任何時候都是正確的。對於一個銷售狀況一般的產品或者一個新產品來說，這個法則會嚴重影響產品的銷售，因為產品終端存量在終端的比率常常和銷量成正比，終端存量越低則銷量越小──較低的存量直接影響了終端陳列效果和終端客戶信心。所以，如果市場鋪貨率真的沒有問題，就一定要好好觀察一下終端存量是不是出現了問題。

4. 促銷

W 市是個乳品消費很發達的市場，競爭非常激烈，曾有大大小小幾十個品牌在拼殺，幾年下來，如今僅剩不到 10 個品牌。這裏我們分析其中 3 個有代表性的知名品牌的興衰，看看促銷的運用是如何影響市場發展的。

A 品牌為全國知名品牌，銷量一度處於前列，但是其採用頻繁的買贈政策，從「6 贈 1」到「5 贈 1」，直到沒有「3 贈」就不賣貨的地步，如今已很難再看到其產品了。這是典型的促銷過頻、簡單操作、沒有控制，以致產生促銷依賴，走向衰落的例子。

B 品牌同是知名品牌，在初期它靈活運用促銷提升市場佔有率，多種促銷手段交叉使用，特別是抓住了 W 市商超發達的特點，在當時知名品牌均只做買贈不做特價的情況下，大膽推出特價活動，狠狠打擊了一大批小品牌。然而，在競爭發展中 B 品牌也發現了長期特價對傳統管道及品牌的傷害，以至於使其從以前市場第一的位置滑落到目前的第二位置。經過總結，如今 B 品牌停止了長期的特價，加強傳統管道建設，正進一步提高其市場銷量和品牌地位。B 品牌的特價策略，雖然曾起到了打擊對手、鞏固地位的作用，但同時也傷害了自己，這正說明了「促銷是雙刃劍」的道理。

C 品牌是最近幾年湧現的新生力量，在促銷手法上既遵循行銷規律，又能進行符合市場實際的創新，進入 W 市場後增長迅速。在商超，C 品牌不做長期特價，而是採取靈活多變的消費者買贈活動，商超的整體形象包裝宣傳相當有氣勢，一進入商超就如同進入了 C 品牌的海洋；在傳統管道，C 品牌以陳列和獎勵金為主，一改其他品牌以買贈為主的局面，後來居上確立了領先地位。如今 C 品牌銷量已經甩開第二品牌一倍有餘，而正是 C 品牌有目的、有計劃的促銷活動，推進了它的市場基礎和銷量提升。

促銷簡單地說就是促進銷售，但是很多促銷活動不僅沒有促進銷售，反而變成了危害正常銷售的因素。促銷最常用的就是特價和買贈這兩種手段，而這兩種手段也是最容易給正常銷售帶來負面影響的。

特價活動多用在賣場和超市，可以有效促進短時間的銷售增量，但特價的缺點也很明顯，表現為對非特價管道及對零售價格穩定的衝擊，同時長期的特價會破壞零售價格、削弱品牌力，在這方面控制不好，特價活動就會得不償失。

買贈作為一種常規促銷活動，被廣泛應用於幾乎銷售的所有方面，成為最有效也是最有破壞力的促銷手段。尤其體現在對管道的促銷上，我們見過太多的產品因為過於頻繁的管道買贈促銷，導致管道產生促銷依賴，「有促就賣，不促不賣」，到最後「促也不賣」。

因此，區域經理在發現產品銷售出現停滯或下滑時，一定要進行特價、買贈等促銷活動的市場自檢，注意不同的促銷活動對市場基礎的影響，同時一定要檢查以往的促銷活動是不是給當前市場帶來了傷害，以便及時調整促銷策略。完善市場基礎，重新推動銷量提升。

四、用「區域自檢」突破業績瓶頸

「銷量上不去」，癥結絕不只在於銷售本身「該做的工作都做了，但銷量還是上不去」，這樣的困惑在區域市場運作中普遍存在。許多企業對此採取的措施往往是「換人」，並不考慮深層次原因或從方法上尋求突破，因此可以說，區域業績的這個瓶頸是區域經理職業生涯發展道路上必須克服的一個障礙。

1. 區域業績的瓶頸在那

行銷是整合行為，各聯動要素有序運作方能實現目標。在區域市場行銷運作上，推動區域業績持續發展的關鍵要素不只是銷售，還包括市場、人力資源、財務、生產、技術等等，任何一個要素出現問題或滯後都會影響整體業績表現。

把這些關鍵要素整合起來分析，區域市場業績瓶頸可能存在於三個層面：

⑴戰略與策略層面

這個層面的問題經常被區域經理忽視。許多情況下，區域經理往往是由銷售經理兼任或由銷售經理提升，其慣性思維導致整個管理團隊的運作偏向於執行層面，即更強調執行效率，而忽視策略或戰略。

但是，對於短期的、階段性的計劃，強化執行效率是對的；對於中長期的區域發展計劃，則更應該考慮它的「最優性」。否則，就會「爬到了梯子頂端，才發現梯子靠錯了牆」。

⑵行銷執行層面

對這個層面，區域經理應該是最擅長的，但問題也恰恰出在這裏。一位經理在彙報工作時曾說：「對於我管轄的區域有多少個網點，每個網點的銷售狀況，店老闆姓啥、有何愛好，我都瞭若指掌。我甚至可以一個星期不拜訪商店，銷售業務也照常進行！」

按照普通的標準，我們會判斷這是一個好銷售經理，非常熟悉自己的市場。但是，如果從推動區域業績的角度看，這是一個不合格的銷售經理，他對區域業績的推動微乎其微，甚至可以說執行效率很低。

對行銷執行的理解，衡量標準不是做了還是沒做，而是改進了多少，對資源的整合利用效率是不是比競爭對手更高，是不是更優化了。

⑶**協作層面**

這是最容易被忽視的層面。區域業績上不去，大家首先想到的會是銷售，接下來是市場，而對於物流、生產、財務、人力資源等相關職能往往只認為是「配角」，起不到實質作用，這是十分錯誤的認識！

試想：因為物流服務問題，耽誤了多少訂單？因為賬務處理不及時造成客戶墊付大量資金，對銷售產生了多大的負面效應？因為人員儲備與培訓不到位而影響市場啟動與深度運作，損失又有多大……如果這些協作部門的工作總是不能保證效率與品質，那麼對區域業績的影響可想而知。

2.**區域自檢實施要領**

⑴**月或季區域會議**

區域的月或季總結會議，是對區域階段性工作的評估和對下一階段工作的部署，也是區域最高的決策會議，一般由區域定期組織。需要說明的是，許多公司集中召開季、半年度或年度會議，主要目的是傳達公司的各項計劃或指令，對區域的具體決策制定則往往起不到實際效果，所以由區域定期組織專項會議更為實效。

會議一般應邀請區域的上級主管部門及召集內部各業務單元參加。上級部門如銷售部、市場部、戰略部、生產部、技術部、物流中心、財務部、人力資源等部門，必要時邀請公司總經理、副總經理出席；內部各業務單元則根據區域定位不同分為兩種，一種是行銷區域，主要是銷售、區域市場等單元，另一種是經營體，包括銷售、市場、生產、物流、財務、技術單元等。

會議內容一般分為四部份：

第一部份：走訪市場、經銷商、工廠。目的是讓公司與會人員全面瞭解區域的基本情況，時間安排一般為 1 天。

第二部份：區域彙報。時間為半天到 1 天，先由各業務單元彙報，最後是區域負責人彙報。這部份是關鍵，要求報告客觀公正，既要將前一階段的工作量化、翔實地呈現，又要講明過程中的不足與機會點，同時對下一步的區域目標、主要策略(包括運作預案)、需要支援、相關進度等講清楚。

第三部份：討論。時間為半天到 1 天，可分為一般性問題討論和關鍵性問題討論。一般性問題是就區域運作過程中的相關問題及需要支援事項，進行充分溝通，制定解決方案。關鍵性問題溝通主要有三方面：首先，公司市場或戰略部門與區域之間，就區域戰略、策略層面進行溝通，統一達成一致；其次，對涉及相關部門支持的重要事項進行溝通，比如生產廠的支持、設立物流週轉中心等；最後，對區域的階段性目標、預算進行討論和確定。

第四部份：審議通過區域報告，並簽定相關工作責任狀。在充分討論並明確目標、策略、支援、進度、分工、績效考核的基礎上簽定雙向協定，協定可以有保留條款，比如如果某項支持不到位，就相應減低區域指標。

通過階段性區域市場總結與規劃會議，可以修正區域行銷戰略與策略，取得相關部門支持，並激勵員工更加努力工作。

⑵**常規性區域檢查**

區域檢查的方式主要有：自檢、互檢、聯檢、抽檢。自檢是區域內部由相關工作人員進行的工作標準化檢查與落實，如業務員對商店與客戶的拜訪、終端理貨人員的理貨工作；互檢是由兩組或多組業務單元，針對對方工作進行的標準化檢查與督察，聯檢是由幾個業務單元的代表，組成聯合檢查小組進行檢查，抽檢則是由部份專職人員對區域市場的各項工作進行檢查與督促。

具體來說，銷售系統的檢查內容及工作標準有：

①針對經銷商的檢查：資金（生意量的 3 倍以上為最佳）；終端覆蓋能力（加權鋪貨率超過主要競爭品）；合作意向（能領會、貫徹公司政策，對公司品牌有良好期望，不經營競爭品）；銷售團隊執行力（嚴格按標準與規定進行工作）；倉儲物流能力（保證按訂單準時、保質保量到貨）。

②針對零售店的檢查：訂單準確（早滿架、晚收關、對重點品項適當加大訂單量）；品項齊全（按照分銷標準，做到小品項齊全、大品項豐滿、新品突出）；陳列優化（按照陳列標準，做到整體陳列面大幹或等於競爭品、位置優於競爭品）；客情良好（以能爭取到比競爭品更多的店方資源支持為標準）；資料卡完整（客戶檔案、量化銷售指標在冊）；終端生動化（品牌形象展示優於競爭品）。

③針對銷售人員的檢查：銷售團隊執行力（快速領會區域的銷售，按照階段性計劃與工作標準完成工作，效率高於主要競爭品），專業化技能（創新能力、談判能力、專業水準與其他業務能力）；敬業與忠誠（熱愛本品牌、企業，願意為完成銷售指標付出更多努力）。

另外，常規性的檢查也包括對區域其他方面工作的檢查，如銷售推廣活動執行效果（是否按照活動設定目標及執行標準推進，效果是否達到預期及原因檢討）；產品品質（消費者滿意並比競爭品更好）；產品儲運情況（按照品控下達的儲運標準執行）；賬務報銷情況（是否有壓票情況，是否真實，是否準確）；物流情況（按時、保質、保量）；人事方面（薪酬與福利具有一定吸引力，並對團隊價值有一定提升）等。

對區域檢查發現的問題要及時解決，涉及內部的限期整改，涉及外部的以書面形式提交相關部門與上級部門協助解決，必要時提交月或季會議討論解決。此外，第三方投訴或其他管道的檢查建議，是對區域自檢的有效補充，應當引起足夠重視。

在實際中，區域常規性檢查在初期效果顯著，但是到了後期則往往流於形式，甚至有一些人為的手段故意隱藏問題，導致檢查的實效受到削弱，所以常規性檢查最好是定期檢查與不定期檢查相結合，對檢查中發現的問題要主動整改並進行覆查，同時區域內部要統一，將檢查作為區域發展不斷進步的重要保障來常抓不懈。

區域自檢要真正發揮作用，除了區域內部營造一種開放、學習的環境與文化外，更需要管理層具有行銷自檢的意識。同時，區域自檢需要相應的流程與制度作為保障，如月或季會議制度、區域授權制度、相關部門的工作流程等。

五、打通銷售「腸梗阻」

「銷量上不來」的問題，突出存在於兩類市場：一是新市場，二是夾生市場。大家所說的「銷量上不來」，通常是指「廠家發貨量」上不來，而不是「終端出貨量上不來」。但是，廠家發貨量是「毛銷量」，終端出貨量是「淨銷量」，只有終端出貨量是順暢、加速的，廠家發貨量才會不斷上升。因此，研究「銷量上不來」，就是要圍繞「終端出貨量」這一核心，才能查找出對應市場的銷量提升方法。

1. **新市場淨銷量提升法**

新市場淨銷量上不來，主要是兩方面的問題：一是消費者對產品不知道、不接受或不回頭；二是零售終端對產品不進貨、亂陳列或低推薦。分析造成上述兩個問題的原因，一是銷售人員的推廣工作不到位；二是產品策略和推廣策略制定不當；三是公司相關系統的工作不支援、不匹配。

Q 品牌洗衣粉在 A 市一帶有較高的市場佔有率，為進一步擴大市場，公司將其拳頭產品推向北方，並確定 S 為主打市場。3 個月下來，S 市行銷人員發起了三波攻勢，廣告費、進場費、人員費用投入不少，並進行了大量鋪貨工作，但是進貨的終端卻不賣貨，有些終端已經開始打電話要求撤貨。

對於 S 市的行銷人員，的確是「該做的工作都做了」，但銷量卻上不來，問題到底出在那裏？該公司針對 S 市的行銷工作進行了檢討，結果認為：既然 Q 洗衣粉在南方市場有大量消費者使用，證明產品品質和潔淨能力沒問題，因此，只要消費者使用一次，就會產生重覆購買。現在雖然把貨鋪到了終端，但是如何讓消費者關注 Q 洗衣粉並進行首次購買，才是整個行銷推廣工作的核心。

圍繞這一核心，S 市行銷人員對推廣方案和執行工作進行了大調整：

⑴製作大量金光閃爍的「金元寶」，並以「購 Q 洗衣粉，金元寶送到家」為廣告語，吸引消費者眼球。

⑵將管道重點調整為社區週圍的便利店，進行生動化陳列，並配以醒目的促銷和宣傳資料。

⑶在社區開展金元寶抽獎活動，被抽中者家裏若有打開的 Q

洗衣粉，就送價值 2000 元的金元寶一個；被抽中者家裏若沒有打開的 Q 洗衣粉，就送給一定的優惠券，憑優惠券可以「買 1 送 1」。

⑷在部份終端門前開展金元寶抽獎活動，消費者憑藉當天的收銀條參加活動，抽中者的收銀條上若有 Q 洗衣粉，就送金元寶一個，若沒有 Q 洗衣粉，就送優惠券一張。

又經過了 3 個月工作，Q 洗衣粉的銷量持續攀升，在抽查的 100 多個終端中指名購買率進入前三名，達到 61%。

從這個案例可以看出：對許多業務人員來說，「該做的工作都做了」，指的只是做完了對經銷商和終端的推動、鋪貨工作，而讓消費者認識產品，以及對消費者的拉動工作並沒有做好。沒有消費者的認識和購買，相當於水管的「龍頭」沒有打開，沒有「出水口」，銷量自然上不來。

在產品已經定型的條件下，如何讓消費者認識產品並接受產品，是行銷人員能夠做出業績的核心問題。解決這一問題，需要一線人員把握以下步驟：

⑴對市場上各類競爭品進行全面排查，分析每個競爭品的市場表現、推廣策略、產品定位和賣點、目標消費群購買習慣和消費特徵。

⑵結合競爭品分析，提煉自己產品的特點，或給產品賦予新概念。

⑶根據自己的產品概念鎖定目標消費群，對目標消費群的消費心理進行分析，找到吸引目標消費者眼球的活動「亮點」，借助「亮點」搭建起產品和消費者之間的橋樑。

⑷結合目標消費群的購物習慣和消費習慣，找到最適合覆蓋目標消費群的終端，在最貼近目標消費群的終端發起攻擊。

⑸對促銷活動要進行大膽創新，沒有新意的促銷活動，會淹沒在終端大量的促銷資訊中。

⑹打開突破口後，要在管道各環節上進行層層推進和區域拓展，以終端「淨銷量」的快速增加拉動企業「毛銷量」的提升。

2.夾生市場淨銷量提升法

夾生市場淨銷量上不來，除了像新市場一樣存在產品、價格、管道、促銷等方面的原因外，主要還有以下兩個問題：一是通路上存在遺留問題，致使通路商家不願進貨；二是消費者對似曾相識的「新」產品心存疑慮，不願購買。

解決這些問題，需要付出比開發新市場更大的努力，只有解決通路上存在的實際問題，並重新點燃消費者的消費熱情，才能實現物暢其流，使淨銷量出現質的提升。

夾生市場多數存在遺留問題，阻礙了產品在通路上的推進。行銷人員應重點檢查以下幾方面的工作：

⑴通路上的原有存貨與新推產品是否產生矛盾？應說明通路合作夥伴先解決好原有存貨。對於滯銷品，能繼續消化的制定方案迅速處理；不能繼續消化的，要予以報廢或退回公司倉庫。

⑵通路各環節以往的促銷、獎勵金等政策有沒有兌現？通路接貨的前提是要求兌現政策，針對這一問題，應進行歷史資料排查，若情況屬實且責任在企業，應擬定出一定的補償政策。

⑶由於前期市場沒有打開，通路環節是否對產品銷售存在顧慮？行銷人員要結合現有產品的賣點、競爭力、推廣政策和推廣方法，給通路環節耐心講解，尤其要選擇通路上的重點環節樹立樣板，通過示範作用，拉動管道加大整體推力。

此外，夾生市場對消費者的負面影響也是顯而易見的，消費者甚至會懷疑前期產品退市是由於品質問題。為消除負面影響，一是操作時工作力度要大於新市場的力度，二是要先避開「重災區」，從負面影響小的區域入手，三是必要時可以採取更換副品牌產品進行切入，然後適時逐步導入主導品牌。

無論是新市場還是夾生市場，「該做的工作都做了」這句話，說明不了自己「有為」，也推卸不了任何責任，反倒只能證明自己的工作「無作為」。所以，工作自檢的要求不是查找「該做的工作」有那些，而是檢查「做的方法」對不對。找對方法再行動，才不會勞而無功。

心得欄

六、做對該做的工作

1. 把握管道群的業績貢獻規律。

所謂管道群業績貢獻規律有三層含義：

第一，一個市場中的管道，其實是由多個連鎖管道系統構成的管道群。在這個管道群中，因為每個管道系統在經營策略、管理模式等方面的差異，導致某類產品或某個具體產品的銷售量，在不同的管道系統中有較大的不同。對行銷人員來說，首先要正確判斷你的產品銷售業績，將依靠那些管道系統來達成，它們的主次關係如何。

第二，即使在同一個連鎖管道系統中，由於經營水準、地理位置、經營面積、輻射消費群體大小、消費能力大小等差異，也會導致不同單店的業績千差萬別。因此，還要正確判斷每個管道系統中各個單店的業績貢獻大小。

第三，隨著城市邊界擴大，人口外移會帶動人們購買、消費場所的外遷。在連鎖管道單店隨著消費者走，產品隨著單店管道走的規律下，要能正確判斷產品會在那些單店熱銷。

及時、準確地把握管道群業績貢獻規律，目的在於找到業績產生的主要來源，這就是我們的主戰場，是提升業績的重要保障。

2. 把握連鎖管道行銷工作重心。

連鎖管道的行銷工作重心，離不開管道佈局、產品出樣與陳列、產品促銷、資訊傳播、產品配送、團隊及人員激勵等問題。銷售業績不佳，大多是因為在這些工作中沒有找到重點，沒有注重細節，從而不能形成競爭優勢。

⑴管道佈局：管道佈局的重點在於，必須將產品特點與不同管道的經營特點對接，保證主要業績來源。例如，對定位於禮品市場的產品，必須清楚業績主要來源於賣場、超市，而便利店只能提高產品的展示率或作為業績的補充。對購買隨機性強、頻次高的產品，必須清楚主要業績來源是便利、超市系統，而賣場則是提高產品形象、拓展知名度的舞台。

⑵產品出樣與陳列：產品陳列的原則基本上所有行銷人員都知道，然而現實的狀況是：要麼在開展活動時才注重，缺乏持久性；要麼只抓住自認為重要的賣場管道，忽略了超市、便利管道，缺乏立體性，要麼乾脆走過場，缺乏執行監督。在連鎖管道中，很多產品陳列出問題，根本原因是缺乏專門的維護隊伍，或者缺乏考核監督體系。

⑶產品促銷：不少行銷人員認為，促銷就是為了提高短期業績而開展的階段性讓利或買贈。殊不知，促銷不僅是短期業績提升的利器，更是消費培育和消費推動的利器。對於提高產品知名度、培育消費者忠實度，終端互動、持久的促銷是最有效、最省錢的手段。一些行銷人員把連鎖管道業績不佳歸咎於企業缺少支援，卻沒有考慮如何在資源有限的情況下，通過何種促銷活動來培育和推動消費。

⑷資訊傳播：必須根據產品潛在消費群，注意各種手段的整合，在空中、地面、售點形成立體、交叉式傳播，同時必須對傳播手段、途徑的有效性進行研究。

⑸產品配送：連鎖門店缺貨、斷貨的現象時有發生，但很多行銷人員對產品配送不夠重視。缺貨、缺樣意味著自己的產品陳列位隨時會被競爭品佔據，這直接導致了銷量損失。

3.管理組織和人員的效率

不少案例告訴我們，業績不佳不是因為計劃不可行，而是執行的人出了問題。人的問題更多的是由於缺乏組織保障、崗位責任不明、團隊缺乏動力。在連鎖管道中，銷售業績更多地建立在細節執行的基礎上，管道是冰冷的，行銷人員務必從細節入手將基礎做扎實。

心得欄 ------------------------------------

第十五章

案例討論——
如何擠佔競爭對手的市場佔有率

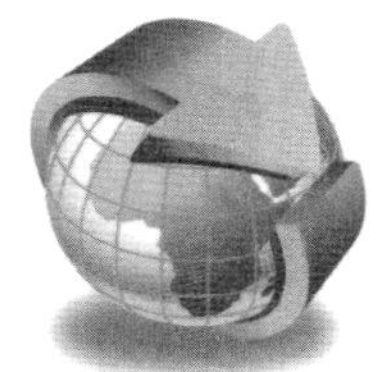

通過案例分析，說明如何真正達到擠佔競爭對手的市場佔有率的目的。主要採取的措施有：價格擠佔策略、廣告擠佔、管道擠佔、服務擠佔，通過這些措施來達到企業想要達到的目的。

一、案例背景

1. 緣由

M&N 公司創辦於 1991 年，是一家集研發、生產和銷售於一體的著名的建築電器產品製造商之一。現有建築面積 24 萬平方米，生產工廠 8 個，生產線 60 多條：員工 1800 餘人，其中受過高等教育、技術人員佔 30 以上。M&N 是電器工業協會附件分會會員，是全國電器附件標準化委員單位。

經過十多年的發展，M&N 公司已形成了電工、照明兩大產業，「M&N」和「金星」兩大品牌，十餘個系列，上千個品種百花齊放的良好發展局面。M&N 人秉承「以顧客為中心，視品質為尊嚴」的品質理念，在 1999 年以零缺陷通過了 SGS 的 ISO9001 品質管制體系審核，獲得英國 UKAS 和香港 HKAS 頒發證書。目前，M&N 各系列產品都已全部通過 3C 認證，出口產品還順利通過了 CE、UL 等認證。公司擁有自主知識產權 43 項，產品技術和性能在同行業中處於領先地位。

經濟一體化拉近了世界各國的距離，M&N 在國際舞台上扮演著越來越重要的角色。M&N 科研人集潮流設計精髓於國際品牌的打造，讓全球人都能分享到 M&N 科技帶來的優質生活。目前，M&N 在香港成立了亞太行銷中心，在 30 多個大中城市設立了商務代表處，銷售服務網路遍佈全東南亞、中東和歐美等國家和地區。

2. 行業現狀與競爭格局

對於大多數人來說，建築電器行業(包括電工、照明等)是一個低關注度的產業，知名度低，曝光率小，然而其競爭卻異常激烈。大批中小企業所生產的良莠不齊的產品展開的惡性競爭，使整個行業陷入了低水準價格戰的局面。據不完全統計，僅生產電工產品(開關、插座)的國內廠商即達 1000 餘家，而照明產品生產廠家更是數不勝數，與生產廠家眾多形成鮮明反差的是，建築電器的知名品牌和高品質產品廖若晨星。

生產企業多，產量大，但絕大部份產品只能滿足中、低端市場的需求。用於球場、賓館、公路等大型公共場所的電工、照明高端產品，仍然是國外品牌佔主流。這使得國內建築電器生產行業的競爭，長期處於一種散、小、亂、差的低層次層面上。

與建築電器生產行業情況不同的是，近年來隨著生活品質的提高，消費者對此類產品的消費意識卻日益成熟。

M&N 公司在建成超大規模工業園後，將相繼推出電工大家庭和照明大家庭系列新產品，並將在現已遍佈國內的行銷網路建設上繼續投入鉅資。

3. 市場呼喚行業領袖

現代人越來講究生活品質了，甚至一個開關、一個燈具的選擇和佈置，都成了他們非常講究的生活藝術。這必將引發業內企業的新一輪洗牌，使得建築電器對行業領袖的呼喚更顯急切。

不成熟的市場與日趨成熟的消費，形成了激烈的碰撞。這種碰撞，客觀上使建築電器生產行業呼喚湧現一批行業領袖。

面對市場的風雲和行業的大變革，有些企業另闢蹊徑，有些企業等待觀望，再加上 3C 認證的推行後提高了建築電器生產的市場准入門檻，不少家庭式小企業紛紛關停或合併轉讓，建築電器行業來到了一個十路口。

4. M&N 的應對之道

M&N 工業園全面建成投產，M&N 的發展進入了一個規模整合市場的新階段，是致力於建築電器高端品牌競爭這一戰略思想的實際體現。M&N 正以卓越的產品性能、合理的價格定位、優良的客戶服務、高效的品牌運作贏得越來越多客戶的青睞。經過對行業發展態勢的週密分析，堅定不移立足於主業——電工與照明。

5. 教學準備

品牌戰是今後的趨勢。應該說 M&N 公司決策層的品牌戰略，是業界有識之士的共識。隨著行業和消費者的日益成熟，建築電器行業進入高端品牌競爭的時代，是一個不可逆轉的發展趨勢。

逐步淡出直至終結良莠不齊產品無序的低水準價格戰，而代之以一批社會公信度高的品牌企業與一批擁有世界尖端技術水準的外來「巨無霸」企業進行終端決戰，是未來建築電器市場可以預期和預見的競爭局面，因此，培養區域管理人員終端搶佔的意識與作戰技術是這次培訓的重中之中。

二、討論主題：如何在地區市場實施擠佔策略

針對確定的地區討論擠佔方案的執行步驟與要點，體現擠佔競爭對手的手段，要求：

1.針對其負責區域如何擠佔競爭對手佔有率，由召集人闡述現狀。

2.小組討論四種擠佔市場佔有率方法的步驟與要點。

3.用白紙整理出下列問題的小組討論大綱：

⑴最強勁的對手是誰？擠佔對象是誰？

⑵制定具體的佔有率目標；

⑶實施步驟與要點；

⑷評估擠佔效果有那些具體指標。

4.時間：要求討論時間不超過 30 分鐘。

5.要求各小組按下表模式整理討論內容。

小組名稱：＿＿＿＿＿＿＿＿＿＿＿＿＿＿＿＿

參與討論人員：＿＿＿＿＿＿＿＿＿＿＿＿＿＿

討論地區：＿＿＿＿＿＿＿＿＿＿＿＿＿＿＿＿

競爭對手：＿＿＿＿＿＿＿＿＿＿＿＿＿＿＿＿

目標佔有率：＿＿＿＿＿＿＿＿＿＿＿＿＿＿＿

表 15-1　地區市場擠佔策略

擠佔政策	步驟與要點	注意點
價格擠佔		
廣告擠佔		
管道擠佔		
服務擠佔		
評估指標的設置		

三、分組討論結果與講述

第一個小組

表 15-2　地區市場擠佔策略

擠佔競爭對手：ABC　　　　目標佔有率：200 萬

擠佔政策	步驟與要點	注意點
價格擠佔	1. NB9對ABC的8.0，優惠30%。豐厚的利潤激起一級經銷商的積極性； 2. JC60對ABC 4.0，優惠35%。	價格定位
廣告擠佔	1. 海報、終端展示、戶外宣傳； 2. 新產品推廣會。	投放的位置
管道擠佔	1. 擠佔工程方面； 2. 擠佔二級分銷方面。	
服務擠佔	1. 提高配送速度； 2. 增加跟進力度； 3. 售前的培訓。	協調好關係
評估指標的設置	1. 網路覆蓋量； 2. 銷售量增長； 3. 提高知名度和美譽度； 4. 提高工程方面的市場佔有率。	

我們是 M&N 之家，討論的區域是我們擠佔的競爭對手是 ABC，目標佔有率是 200 萬元。

在很多地級市，經銷商定位是與設計院和建築有關的管道，這樣地級市 ABC 的代理第一年營業額在 450 萬元以上。第二年、第三年的營業額都在 400 萬元以上，以上只是一個例子。目前 ABC 在整個市場目前有 8.0 機型是用來打擊我們 H&N，H&N 較 ARL 品牌晚一些，知名度低一些。作為消費者選擇的是一個品牌、一個品質、一個服務，在這種情況下，我們用 NP9 來競爭 ABC 8.0。我們的優勢在於不管經銷商也好，分銷商也好，利潤的空間比較大，就是一個較大的優勢。從價格制定上，我們是較有吸引力的，從市場佔有率來說，在低檔產品我們有 TC60。新產品給總經銷商和分銷商的利潤空間是較大的。

1.價格擠佔方面主要注意價格定位，價格不是隨意降的，要注意保持品牌形象和對競爭對手的優勢。

2.廣告擠佔方面，因為是一個成熟品牌，一些海報都在終端擺設，我們會用海報在分銷商門口等地方張貼，提高產品的知名度，因為我們是法國的國際品牌。

第二個是終端展示，我們在門店，包括一些商場都會做一些 M&N 的形象廣告，覆蓋率要比較大，我們會在專業市場——燈具市場和建材市場做一些戶外廣告，投入並不是一下子就能提升銷量，對品牌的宣傳，從知名度和美譽度來講，是應該做廣告的。廣告有利於新產品的銷售。

廣告擠佔的注意點是投放的位置，不管是廣告也好，終端展示也好，都要注意投放位置的選擇，有一百個點就投放一百個。

3.管道擠佔包括兩個方面，第一方面是工程管道，ABC 的知名度較高，它的經銷商不是一家，而是兩三家，甚至四家，在工程方面，由於價格高，價格的讓利空間小，相比之下，我們在這方面有優勢。在二級經銷方面，ABC 的覆蓋率是比較大的，我們可以借助它的二級分銷商，一方面我們產品的利潤空間比較大，另一方面是我們所投入的終端擺設比較新穎，對分銷商的形象有幫助。

4.服務擠佔主要是從三個方面，第一個方面，提高配送效率，客戶提出訂單後，第二天就要能送貨過去，要求在 24 小時之內送貨到客戶要求的地點。第二個方面，從人員力度來講，我們會有較大的加強。第三方面，我們針對經銷商與分銷商的店內的工作人員，包括經常跑市場的一些銷售人員，可以進行售前的培訓，包括產品的知識、我們公司的運作方式都可以進行培訓。注意事項主要是協調好關係。

評估指標是四個方面，一是網路覆蓋率，二是銷貨要增長，三是提高知名度和美譽度，四是提高工程方面的佔有率。

點評：

很好，需要改善的是評估指標方面，促銷費用都要量化，網路覆蓋率是多少，銷售額的增長多少才符合目標，評估增長的速度，知名度、美譽度怎麼樣去測試，這些都要具體化，只有量化了才叫做指標，比如知名度、美譽度可以進行市場調查來測定。

價格擠佔策略是非常有針對性，在廣告擠佔方面談的也是比較充分的，比較符合規範。

第二個小組

表 15-3　地區市場擠佔策略

擠佔競爭對手：HP 吸頂燈　　　　目標佔有率：30%以上

擠點策略	步驟與要點	注意點
價格擠佔	1. 單品特價限期讓利； 2. 買贈活動。	1. 促銷款式的選擇； 2. 購買金額設定； 3. 贈品的吸引力。
廣告擠佔	1. POP張貼； 2. 終端產品的展示； 3. 賣場氣氛的營造； 4. 賣場VCD的播放。	1. POP形象統一醒目； 2. 促銷品展示突出，保持清潔。
管道擠佔	1. 搶佔競爭品的網點； 2. 增強本品管道深度和寬度； 3. 加強售貨員的培訓； 4. 建立良好的客情關係。	1. 保證產品安全庫存； 2. 價格體系維護； 3. 防止竄貨。
服務擠佔	1. 加強物流配送體系； 2. 對用戶適當電話回訪； 3. 配發售後服務卡，建立客戶檔案。	1. 注意配送效率； 2. 增強人員售後服務意識。
評估指標的設置	1. 銷售額增長率40%； 2. 網點數量增長率15.5%； 3. 用戶的忠誠度提高； 4. 回頭率提高； 5. 相關產品的活動； 6. 產品知名度、美譽度提升。	

由於照明產品比較複雜，產品線比較長，所以選擇了 HP 這個品牌的一個吸頂燈產品，目標是增加銷量 30%以上。

1.在價格擠佔策略，我們準備採取的措施是單品特價限期讓利，還有買贈活動。

注意點在單品促銷中促銷產品的選擇，這對競爭對手的打擊力度很重要，第二點是購買金額的設定，還有贈品的誘惑力，這是針對買贈活動而言的。

2.在廣告擠佔方面，首先是 POP 的張貼，促銷海報在終端的張貼；第二是促銷產品的展示；第三點是賣場氣勢的營造；第四是賣場 VCD 的播放，現在有 VCD 的宣傳，可以在賣場播放。

注意點是 POP 張貼要統一、醒目。因為作為品牌，終端的展示一定要是統一、醒目。另外，產品保持清潔這一點也是很重要的，保持清潔度要堅持做，說起來很容易，真正做到並不容易。

3.管道擠佔有以下幾個步驟：第一是搶佔產品的網點；第二是增加本產品的深度和寬度；第三是加強業務點和售貨員的培訓；第四是建立良好的客情關係。

注意點：第一是一定要保證產品的安全庫存，這一點非常重要，很多客戶在採購時往往出現斷貨的現象；第二點是價格體系的控制，避免網點低於促銷價格來銷售；第三是防止竄貨。

4.在服務擠佔策略方面，第一是加強物流配送的速度；第二是對用戶做好回訪；第三是配發售後服務卡，建立客戶檔案。現在我們 M&N 吸頂燈統一印製了售後服務卡。

注意點在於配送的效率，用戶訂貨的話，我們物流配送應該及時，並加強商務人員和配送人員的售後服務意識。

採取這些策略之後的話，我們將從以下幾個指標進行評估：

第一是銷售額的增長率，我們計劃比最初階段提高 40%以上。

第二是網點數量的增加率，主要是新增網點，我們借助促銷活動增加一些新的網點，計劃是 15%以上。

第三是網點品質的提高，量化指標就是單店銷售額的提高，一定要有比較大的飛躍。接下來是用戶的忠誠度，回頭率的提高，包括相關產品的帶動作用，還有產品的知名度和美譽度。

評點：

非常好，重點突出，簡明扼要，目標也鮮明提出，30%在廣告擠佔當中也說得比較全面。

第三個小組

表 15-4　地區市場擠佔策略

擠佔競爭對手：ABC、西蒙(ABC 佔 30%，西蒙佔 15%，M&N 佔 25%)

目標佔有率：爭取 35%

擠佔策略	步驟與重點	注意點
價格擠佔	穩住NP12在市場的高價位與高檔品牌地位，以新品NP的不透明價格優勢衝擊ABC 8.0、西蒙58的市場銷售佔有率。	密切注視兩品牌近期的價格及促銷走向，確保我經銷管道的合理利潤。
廣告擠佔	充分利用各大裝飾城及賣場戶外廣告，全部換成NP上市的宣傳畫，搶佔市場廣告制高點。	迅速全面推廣NP9
管道擠佔	1.各大裝飾城的主要分銷網點鋪貨NP9到位； 2.佔領交叉管道(ABC、西蒙)，保證NP9新品的出貨量； 3.以NP6產品的價格及品牌品質優勢搶佔工程管道，網路及工程裝飾公司。	1.做好產品陳列展示； 2.培訓店員銷售新品的技能。
服務擠佔	1.解決各分銷管道的滯銷貨及殘次品； 2.加強經銷商的配送能力； 3.強調安裝技術指導； 4.承諾保修期長，發放服務卡。	承諾一定做到
評估指標的設置	1.通過本次行動，新品NP9網路佔有率提高到35%； 2.增大銷售產品的氣勢，進一步擴大曝光度； 3.通過本次活動，提高凝聚力及品牌忠誠度； 4.提升工程市場的中標率。	

我們的擠佔對手是 ABC、西蒙，去年 ABC 的佔有率是 30%，西蒙是 15%，M＆N 是 25%，我們擠佔市場的目標是取得整個市場佔有率的 35%。

1.價格擠佔的策略是：先穩住 P12 在市場的高價位高檔次品牌的地位，以我們現在 P9 的新品價格不透明而價格較低的優勢，衝擊 ABC 8.0、西蒙 58 系列的銷售佔有率，這是我們一個殺手鐧。

注意要點：要密切注視兩品牌的近期促銷的走向，確保經銷管道的合理利潤。

2.廣告擠佔：充分利用我們在各大裝飾城及賣場的戶外廣告，在同一時間全部換成我們 P9 上市的宣傳畫面，在廣告宣傳畫面上加上我們的訴求點：「新產品，新 M&N，新生活」，搶佔廣告的制高點。

注意點是新產品全面的推廣要快。

3.在管道擠佔策略方面，我們採取貼身短打的方法。首先是在各大裝飾城主要的分銷點鋪貨。第二是佔領我們 P12 系列的交叉網點，保證新品的銷量。第三是以 P6 的產品價格優勢搶佔工程管道及網路、工裝裝飾公司。

注意點是做好產品的陳列展示，還有產品銷售店員方面的培訓要落實到位。

4.服務擠佔有四點：第一點是解決各分銷管道的滯銷貨及殘次品，讓分銷商感到我們在服務等方面已經走到了其他品牌的前面。第二點是加強經銷商的配送能力，加強人力、物力。第三點是強調安裝及技術方面的指導，我們的新品經銷商可能不太瞭解，我們要進行一個指導。第四點是承諾我們保修期長的一個優勢。

注意點：承諾一定做到。

評估指標的設置，通過本次行動，我們新品 P9 網路佔有率提高到 35%，增大銷售產品的氣勢，進一步擴大 M&N 品牌的知名度及曝光率。通過本次活動還要提高網路的積極性和品牌忠誠度，提高工程市場的中標率，大概擴大到 20%以上。

點評：

非常好，目標非常明確，很有針對性，特別是抗擊能力也能體現到管道貼身短打的特點，並且評估指標設置很具體。

第四個小組

表 15-5　地區市場擠佔策略

擠佔競爭對手：ABC　目標佔有率：搶佔市場佔有率 10%以上

擠佔策略	步驟與要點	注意點
價格擠佔	1. 針對ABC 4.0、NP8進行單品特價促銷； 2. 全線NB產品經銷價格策略性調整； 3. 集團用戶採購，按量特價競爭。	1. 確保促銷政策觸及終端； 2. 力爭搶佔更多客戶資源，控制區域竄貨； 3. 保證貨物流向。
廣告擠佔	1. 加強店內外形象展示及產品陳列； 2. 專業市場戶外廣告搶佔； 3. 新型管道DM廣告及禮品捆綁。	1. 注意形象統一，終端展示品質； 2. 戶外廣告搶眼； 3. POP、DM製作精良有新意。
管道擠佔	1. 針對ABC分銷管道，用單品特價促銷，全面滲透； 2. 加強交叉網點維護，加大空白區域開發； 3. 終端導購員攻關及新型管道拓展。	1. 注意管道搶佔時的方式與方法，溝通得當； 2. 以搶佔ABC有品質的管道為重點； 3. 適當的獎勵； 4. 管道廣度的合理分佈。

續表

擠佔策略	步驟與要點	注意點
服務擠佔	1. 加強對經銷商、分銷商的培訓； 2. 提升經銷商配送效率，改善售後服務； 3. 為大宗交易客戶提供專業技術支援； 4. 為各級各戶提供免費資訊。	1. 培訓的專業性及可取性； 2. 配送物流的合理安排，成本控制； 3. K/A大客戶談判的專業性； 4. 資訊的廣泛收集與正確處理； 5. 編寫專業服務手冊。
設置評估指標	1. 新網點增加數量及增長率(>10%)： 2. 貨物流通週期及新網點品質(<15天) 3. 客戶服務滿意程度(98%以上) 4. 網點絕對銷量及經銷商銷售額增長速率(20%以上)。	1. 庫存的安全係數； 2. 實際網點及客戶調查。

我們搶佔的對手是 ABC 4.0 這個系列，我們的目標是把整個 M&N 市場佔有率提升 10%到 15%之間。

1.價格擠佔：我們做 NP8 單品的促銷活動，保證分銷的利潤和市場框架這一塊。大宗的工程客戶用量很大，但是 ABC 也提出很優厚的條件，我們在 NP8 系列上做了大量的工作，只要客戶有訂貨，我們可以給一個有優勢的價格。

注意點是保證價格體系的鞏固和防止竄貨的問題。

2.廣告擠佔：我們加強了一些重點終端客戶的店面內外形象的展示，一些專業市場的廣告選擇人流大、針對性強的市場，然後是新的管道的一個捆綁的小禮品贈送。

注意點是廣告形象要統一，終端展示一定要突出，戶外廣告在於 POP 的張貼。

3.管道搶佔：針對 ABC 降價後，很多大的分銷商由於沒差價而埋怨，我們專門針對 ABC 網路去做他們的朋友，因為我們正好有促銷，有禮品贈送這樣的活動。我們主要針對 ABC 一些分銷網點來加強我們的空白區域。然後對家裝網路作一個填補，對終端形象作一個完善的展示。

注意點是考慮搶佔 ABC 管道的方式方法，它也會反擊進行降低，對不對？我們要保證他們不能對我們的產品造成很大衝擊，然後採取措施保證管道網路的合理分佈，不讓它混亂。

4.服務擠佔：大家都知道，經銷商經常有人員流動，因此，要做好相應的工作，不能因為人員流動而降低服務水準。第二點是對總經銷的配送。第三點對大宗客戶的一個專業的演示演講，或者邀請到公司來參觀。

注意點就是儘量做到最好吧！

評估指標的設置：首先是新網點的數量和市場佔有率加強，第二點是貨物的流動週期儘量加快，客戶服務的滿意度要達到98%以上，再就是網點銷售量的增長要提升 20%，我們相信經過努力一定能提升 20%。

點評：

方案非常細緻，架構比較全面，操作性比較強，競爭是有力度的，在細節方面非常好，在服務擠佔方面方案要強化一下，在評估指標設置方面也是比較全面的。提出了客戶滿意率達 98%的目標，並且在大家給出更好的意見之後，他們有信心做到銷售量增長 20%。

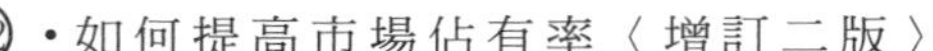

第五個小組

表 15-6　地區市場擠佔策略

擠佔競爭對手：ABC　　　　　　　　目標佔有率：20%

擠佔策略	步驟與要點	注意點
價格擠佔	1. P12讓利10%，擠佔8.0； 2. P8單品降價，擠佔K4.0； 3. P9上市擠佔（新品能保證利潤空間）。	1. 防止ABC跟風； 2. 防止價格惡性競爭。
廣告擠佔	1. 顯眼地點製作戶外廣告； 2. 新品推廣會，發放資訊。 3. 優秀終端展示建設； 4. 橫幅等烘托賣場氣氛。	1. 平衡投入與產出； 2. 廣告展示的品質。
管道擠佔	1. 搶佔對手核心網點（ABC利潤少）： 2. 利用新品上市增加網點； 3. 利用M&N性價比的優勢搶佔工程市場。	1. 鞏固原有網點； 2. 維護分銷點利潤空間； 3. 加大新品宣傳力度。
服務擠佔	1. 完善售後服務； 2. 更快捷的配送； 3. 定期回訪。	與總部落實售後服務制度。
評估指標的設置	1. 網路佔有率25%； 2. 銷量200萬元； 3. 美譽度、忠誠度。	

ABC 在年銷量在兩千萬以上，市場佔有率基本上達到 35%以上，我們 M&N 的市場佔有佔有率在 10%左右。我們要擠佔它的市場佔有率 10%，也就是說要增加到 20%。

1.價格擠佔策略，目前消費比較高，ABC 的產品最好的系列是 S8.0，針對 S8.0，我們用 NP12 讓利促銷的方式來擠佔 ABCS8.0

的市場佔有率。第二個就是利用 P9 上市配合擠佔 ABCS8.0 的市場佔有率。

注意點就是防止 ABC 的跟風促銷，如果他有降價促銷，我們就實行第二方案 NP8 的促銷。要注意的是防止價格的惡性競爭。

2.廣告競爭：我們 H&N 在此地區知名度還不是很高，首先要做戶外廣告，這需要公司支援，另外在此做一些推廣會，發佈一些產品的資訊，第三是營造市場氣氛，第四是優秀的終端展示的製作。

注意點是終端展示的點的選擇：避免在有些交通不好、位置不太好的終端進行展示，降低廣告的效用。

3.管道擠佔：首先是用我們的 NP12 搶佔 ABC 的核心網點，為什麼這樣做呢？因為 ABC 的網點佈局是比較多的，他的價格較透明，經銷商的利潤是比較低的，我們用我們的優勢來擠佔他的核心網點。然後是利用新產品上市來增加我們 H&N 產品的銷售網站。還有我們產品的性價比是比較好的，這在搶佔工程市場時是很大的優勢。所以利用我們產品的性價比的優勢來搶佔工程市場。

4.服務擠佔：首先完善我們售後服務，目前我們的售後服務，如貨物的配送、退換貨的政策，需要公司的支援。其次是定期的回訪，定期的回訪主要是解決分銷商目前存在的問題，比如退換貨，產品品質或服務的一些回饋。

評估指標的設置：通過以上擠佔活動，我們的銷量要增加到佔市場佔有率的 25%，銷量是 10%，增加到 200 萬，另外增加客戶的知名度、美譽度和忠誠度。

點評：

南粵之家在分析時與 ABC 進行對比，突出了我們的優勢，然後在競爭各方面都做得很不錯。

第六個小組

表 15-7　地區市場擠佔策略

擠佔競爭對手：索日　　目標佔有率：由 10%提升 30%以上

擠佔政策	步驟與要點	注意點
價格擠佔	獎勵回扣	注意價格保護
廣告擠佔	1. 戶外廣告宣傳發佈； 2. 形象展示物。	廣告發佈效果評估
管道擠佔	優化分銷網路	品牌忠誠度
服務擠佔	完善售後服務制度	落實到位，快速反應
評估指標的設置	網點增加數量、品質	

我們的目標是市場佔有率由目前的 10%提升到 30%以上。

1.價格擠佔：我們的價格是不錯的，總的價格體系是有效的，我們可以採取獎勵折扣來擠佔市場，就是說按銷量給予獎勵。

注意點是價格保護，如果價格很低，會形成對下面的竄貨，對整個市場都會有影響。

2.廣告擠佔：從兩個方面運作，一個是戶外廣告宣傳的發佈，第二是形象物的張貼，根據每個終端的具體情形來安排。

注意點是對廣告的效果進行評估。

3.管道擠佔：我們是優化分銷網路，從省級城市、地級市到縣級市各級的分銷管道進行優化。

注意點是分銷商品牌的忠誠度，要進行跟蹤和評估。

4.服務擠佔：對服務制度進行完善。

注意點是落實到位，快速反應，這是對我們的商務人員提出要求。

評估指標的設置：根據這些網點的數量、品質、對銷量的貢獻、對品牌的忠誠度、對活動的配合與支持、對物料的使用等進行討論和設置。

點評：

把這個方案記在了內心，落實到位，體現了自己的效益，做得不錯。

第七個小組

表 15-8　地區市場擠佔策略

擠佔競爭對手：HP　　目標佔有率：20%～30%

擠佔策略	步驟與要點	注意點
價格擠佔	1.單品特價； 2.買十送一銷售。	時機和時間的把握
廣告擠佔	1.宣傳物料的充足投放； 2.以專業市場廣告投放為重點；以醒目、人流、發佈大小為首選； 3.利用代理商貨物配送車做廣告，成為流動宣傳線。	注意投放的衝擊力和傳播美感
管道擠佔	1.利用更高經營利潤替換HP經銷商，或在附近設立新的經銷點； 2.建設終端形象展示，增強終端銷售力。	1.網點品質； 2.注意管道的合理佈局。
服務擠佔	1.設立服務跟蹤卡的回訪制度； 2.設立24小時免費服務熱線； 3.加強管道配送力。	1.資訊收集豐富； 2.真實性。
評估指標的設置	1.設立客戶檔案； 2.設立業務量化考核； 3.籌備及策劃方案的實施步驟。	注意各階段目標的完成情況和應變實施的突變情況

我們確定的競爭對手是 HP 照明。

1.價格擠佔策略：一個是單品特價拉動整體銷售；二個是買十送一銷售。

注意點是時機和時間的把握。

2.廣告擠佔：第一點是宣傳物料充足投入，第二是以專業市場廣告投放為重點，以醒目、人流大、發佈大小為首選，第三是利用代理商貨物配送車做車身廣告，加強廣告宣傳的力度。

注意點是廣告投放的衝擊力和傳播美感。

3.管道擠佔：第一是利用更高的經營利潤吸引替換 HP 分銷點，或在 HP 的主要分銷點設立新的分銷。第二點是建設終端形象展示，增強終端銷售力。

注意點是管道的合理佈局和網點的品質。

4.服務擠佔：第一是設立服務跟蹤卡的回訪制度，第二是建設 24 小時免費服務熱線，第三是加強管道的配送能力。

注意點是資訊的收集豐富真實性。

評估指標設置：第一是設立客戶檔案，第二是設立業務量化考核，第三是籌備及策劃方案的實施步驟。注意點是各階段目標的完成情況和應變實施的突變情況。

第十六章

案例介紹——

反敗為勝的卡車出租公司

通過具體案例，客觀的闡述了瑞得(Ryder)公司通過一系列內部改善的手段，加強對客戶的宣傳，從而成功地挽救了公司在經濟不景氣時期瀕臨倒閉的狀況，為各企業提供了可借鑑的佳例。

瑞得(Ryder)公司是世界上最大的卡車出租公司，擁有166000輛的卡車，以及50億美元的營業額。1991年，瑞得以約10億美元的卡車出租收入在卡車出租業中排行第二，他們以同業間最常採用的折扣策略刺激業務量的提升。當時卡車出租業的龍頭老大是優荷公司，這兩家公司一直穩居排行榜一、二名的寶座。然而 1991 年後，瑞得公司面臨了嚴重的經濟不景氣。從那時開始，壞消息就接踵而至了！

經營者面臨這種景氣低迷的狀況時，通常會採取一些強制性的手段（如：降價、裁員、減少營運、設備、投資、促銷等。）以渡過不景氣或等待較佳時機的到來。瑞得的董事長伯恩斯《Tony Burns》及董事會的成員們一致決定，採用不同於一般企業的作法來因應不景氣。他們決定將卡車出租業務獨立出來，成立「瑞得用戶租賃部門」，從「產品至上」的策略改變為「顧客至上」的方式。同時，他們延聘一位具有品牌建立能力的人作為行銷主管，並將業務目標擺在爭取第一的地位。（注意「產品至上」的供應商對外公開的口號是：「我們將提供我們認為最好的，我們認為需要且應提供的產品與服務」，而「顧客至上」的口號是：「我們將提供您需要及想要的產品及服務。」）

1991 年宣佈成立新分支機構——「瑞得卡車租賃公司」後的一個月，瑞歐登（jerry Riordan）擔任總經理的同時，美克被任命為行銷及市場服務單位的負責人。自此，「瑞得卡車租賃公司」開始一套建立品牌、重建客戶關係的計劃。這個獨特而複雜的計劃，把傾聽客戶意見及以客戶的喜好為第一作為計劃的首要步驟。這是企業在經濟拮据時期所做的一項重大投資，但瑞得企業卻願意放手一搏，他們認為，自助式搬家將不會只是一種短期的市場風潮而已，因為：

⑴即使經濟開始復蘇，採用租車自助搬家方式，比僱用商用貨車所節省下的錢也不是個小數目。

⑵公司行號的成本意識增強了，會更積極地鼓勵員工在遷移時採取自助式搬家。

⑶自助式搬家方式使搬家者對於較珍貴的家俱，有更大的主控力（避免在搬遷時受損、遺失……）。對大多數搬家的人來說，他們 90%的財產都在卡車上，若由自己來搬運情況可能會好一點。

1. 爬上研究之梯

市場研究，是一項必須耗資上億的工作，而大多數的投資又常常會浪費在一些無效率且有誤導決策之虞的市場調查上。很少有資金被適當地運用在評估廣告訊息所產生的記憶或聯想效果上。即使有，通常這些研究結果對行銷或業績也沒什麼幫助。

但是，瑞得卻以正確的方法，使研究工作成為行銷工具，並發揮得淋漓盡致。首先，他們進行一項有關潛在客戶對卡車租賃公司最大期望的研究；其次，他們根據這些研究資料來設計出產品及服務的輪廓，以滿足客戶們最殷切的需求；最後，他們再進行一種測驗式廣告。這種廣告結合了研究結果所發現的資料，對觀眾進行調查，評估這則廣告對潛在客戶購買意願的影響程度為何。這些程序，就是瑞得所稱的「階梯式程序」──也就是透過從一般的利益到特殊利益的營利方式，來達成客戶能接受的訊息，並有效傳達給消費者，並與他們充分溝通。

瑞得列舉三十項有關一般人對租卡車的期望（如安全、低價、高品質卡車等），並進行分組研究。之後，在特定的團體中，他們再從受訪者中找出這三十個調查項目的需求順位。從這些廣泛的研究方法中，他們歸納出五項基本的客戶需求。最後，透過特定目標團體，並實行數量測試（評量客戶的綜合意見），他們找出了客戶對租用卡車需求的關鍵項目──便易性。

所謂便易性，簡言之，就是容易裝卸貨物，以及能以最簡便的程序，與公司進行一切手續。為了達到便易性，必須對整個限制條件以及運輸系統做詳細的檢測工作。也就是說，在改進廣告訊息表達方式前，須先改善產品及服務的品質。

2. 產品和服務就是訊息

服務業實際上涉及兩個部份，一個是產品本身，另外一個就是服務。當你僱用別人來幫你清洗窗戶時，你在意的，並不是那些清潔工人或清潔公司使用的是那種水桶或海綿等清潔工具，而是他們是否能迅速、安靜地達到清潔的效果，以及具有親切的服務態度與合理的價格。但是，當你到像麥當勞這類的速食店消費時，你所要的卻不單是可口的漢堡，你同時也要求它提供快速的服務。

因此，瑞得公司面臨了雙重的挑戰：⑴盡可能地提供正確且適當的服務，使租用卡車達到使用非常便易的程度。⑵藉由提供正確的卡車車型以及輔助的搬家設備，使客戶輕易地完成搬遷工作。但是，僅僅強調產品及服務的優越、特殊是不夠的。就如音樂劇中朵莉（Eliza Doolitle)所唱的：「不要光說不練，拿出事實來證明。」

也因此，瑞得公司根據「階梯式市調分析」所得的客戶需求，立即修正策略，落實公司提出的「便易性」口號。

3. 以新卡車下注

1992 年，瑞得的客戶服務部門汰換了近 1/3 的舊卡車，並將 8500 型這種性能更佳的卡車列入編制中，加入營運。

這些新卡車不但新穎，而且更便利、更具親和力；高度也比較低，使裝載搬運工作更為簡便；內部更為寬敞，並採用較昂貴、品質佳的後照鏡，使駕車人能更安全地駕駛；而卡車車頂是半透明的，這樣使顧客在打包時能有更充足的光線。

此外，公司還設置所謂的「叫車專線電話」，而這支公司賴以與當地代理商聯繫的專線電話，擔負著先驅部隊的功能，同時，它的功能也必須藉由作業系統的全面檢修、配合才能達成。而且，由於瑞得是所有搬家公司中，首先採用電話叫車服務的公司，因此佔了相當大的優勢。(加拿大的披薩餅公司，便使其967-11-111的專線電話，成為多倫多最知名的專線電話號碼，同時，這家在美洲約有一兆規模的加拿大企業，藉由這個電話號碼，一度為該公司締造了十兆美元的業績)。為了達成這個重要的新策略，瑞得自行培養了一群總機人員，並以「1-800-瑞得專線電話」為消費者服務。

由於客戶往往必須在瑞得五千個加盟代理商中挑選一家，以電話或親自洽詢的方式聯絡租車事宜。但瑞得公司卻經常無法適時地提供客戶真正合適的車型，這點使許多客戶不滿意，因此流失了許多客戶。為了改善這個問題，瑞得公司又開始進行一項賭注性的決策，他們投資25,000,000美元，設置了一套電腦化的預約系統，在每個瑞得加盟代理商設置一台電腦，並以網路聯線，形成一套全國最大的電腦聯線網路。

現在，只要客戶打電話進來預約，那些經過專業訓練的電話代表便能親切地為客戶提供預約服務。包括：預留特定型式的車型、告訴客戶最近距離代理商的地點、通知代理商將有客戶上門、電腦化的卡車庫存管制等等，以確保代理商能隨時待命，迎接客戶光臨。同時，他們也提供一系列的搬遷輔助器材(如：包裝盒、防撞泡棉、膠帶、繩索、氣墊床及沙發的覆罩……等)，以掌握每一個可能創造最大獲利的時機。而電話代表在接聽客戶電話的同時，也會與客戶討論他們可能需要的輔助器材，並確定代理商能滿足客戶的需求。

4. **博取消費者歡心**

為了服務大眾，瑞得訓練了 200 名電話代表，並將這些代表視為「經紀人」。他們必須接受為期兩週的專業訓練（瞭解卡車型式、外觀、功能、公司產品與競爭者間的差異、價位、客戶可能的輔助器材需求……等等），才能上線服務。

除了這批經紀人外，公司位於邁阿密的總部，尚有另一批由服務代表組成的電話代表。他們都經過特殊訓練，具備解決問題的能力，美克表示，「他們所受的訓練是非常扎實的。所以，無論發生什麼樣的問題，他們都有辦法解決。我們不願意讓客戶一再地叮嚀，即使僅有一次，我們都嫌自己服務不週，我們會盡力使錯誤率降至最低，而如果真的出現了任何差錯，我們也會想辦法使影響降至最小，並在客戶再次打電話前，將問題解決。」換句話說，這群電話接聽人員可以說是客戶代表，他們隨時準備處理一切能使客戶滿意的事務。

5. **建立資料庫**

最後，在完成符合客戶便易性需求的產品服務後，便是爬上最高一層階梯的時候了！最後一個步驟，就是向群眾進行有效的溝通。在這個步驟中，奧美廣告公司（Ogilvy & Mather）費心地去執行長期建立品牌的發展工作，並極力地塑造出「便易」的品牌形象。當然，客戶服務電話專線是這種雙責任廣告中的一個重要工作。

當他們對廣告效果進行調查的同時，他們驚訝地發現，潛在客戶呈倍數成長，且擁有相當不錯的收視率。不止如此，在贏得客戶注意的同時，「瑞得專線電話」也為公司搜集了這些潛在客戶的姓名。瑞得公司已將自己引導至超行銷贏家的地位，並贏得了廣大潛在客戶的注目，建立了完善的資料庫，做好隨時能令客戶滿意的準備工作。

69. 告別折扣策略

在瑞得執行上述新策略前的五年，他們一度面臨供過於求的狀況。在那段日子裏，為了搶佔市場佔有率，並刺激遲滯的營業狀況，瑞得經常以九折、八折，甚至七折的折扣進行促銷。但問題是，這種方法若是運用過頭，反而容易被排擠、淘汰。而且也使消費者不敢輕易相信這種便宜事，故而造成銷售量上升，但真正利潤卻下滑的情況。有鑑於此，瑞得公司決定跳出這種無底深淵，並決定在未來的歲月裏，不再以價格作促銷，決定使公司各方面的服務更有效率，來刺激業績。他們取而代之的方法，就是《品牌週刊》所表示的：「我們想做的，是提供一個高品質產品的合理價格，盡力增加產品及服務的價值。例如：加強便易性、聲譽、促銷、提升品質。最後，再以品牌形象來增加附加價值。」

談到以促銷方式來提升產品及服務的附加價值，他們實行的促銷手法，都是針對客戶需求，經過統計調查分析後才設定的。而這些，無非是想滿足客戶的需求。例如：當你駕著瑞得卡車，好不容易在經過一番旅途勞頓、拖著疲憊的身心到達新址時，你最想做的事，可能就是想辦法找一些熱騰騰的東西來填飽肚子吧！因此，瑞得公司針對這項需求，提供一項免費的披薩服務。在你一到達新址時，新鮮的多明諾披薩（Domino's）正等著你。據美克表示，這種促銷手法，成功地運用了6個年頭，它加強了客戶對瑞得公司關懷客戶的印象，同時也因多明諾和瑞得合作送給新居顧客的披薩計劃，使瑞得公司購買披薩的成本可降至最低。

除了披薩外，另一個促銷活動，是提供全美大學籃球聯賽

(NCAA)夾克。就像披薩餅一樣，它也是根據調查分析的結果而做的，因為一般的自助搬家者，有許多人是大專籃球比賽迷。

當然，瑞得公司也會評估這些促銷手法是否容易被其他同業仿效，他們是否會與瑞得做得一樣得好。因此，在促銷活動展開前，他們會對各種項目設定目標，如果策略施行結果超越目標，則來年的促銷活動，將繼續保留這項策略。這些，看來都是相當基本的做法，但，許多廣告主似乎都忽略了這些會經為他們公司成功奠下基礎的促銷方法，而棄之不用。

心得欄

第十七章

案例介紹——探討銷售不佳的原因

通過詳細的實例介紹，剖析了企業銷售不佳的種種原因。企業可針對自身銷售過程中存在的各種問題，結合本章的案例分析，制定出符合自身需要的對策，從而有效地實現業績提升。

佐藤先生是大規模連鎖零售商Q公司的衣料部門經理，他得到「秋冬季淑女毛衣的新產品銷售不佳」的資訊。

這些淑女毛衣的新產品，較以往的產品在設計圖案或材料上都有很大的改良，具有高級品形象的高附品價值產品。從秋天開始的商業競爭中，整個Q公司對新產品都有更高的期望，故銷售不佳是個重大的問題。

「為何發生這種問題」

佐藤經理詢問淑女服裝的直接負責人山口課長，有關銷售不佳的原因，山口回答說：

「可能是價格太高，或兩年前的女性毛衣曾經出現不良品，留下不良影響，也說不定。」

「你這樣想嗎」

佐藤抱胸閉眼想了一分鐘後表示：

「輕易的確定原因可能有問題，若想不出其他原因時，請仔細檢討情況再來考慮。」

回到座位後，山口就整理已獲得的資訊，並聽取部屬意見，列舉以下所能想到的可能原因：

①設計不良。

②價格較舊產品高。

③顏色的種類少。

④銷售方法不佳。

⑤顏色樸素。

⑥過去的不良品影響。

⑦U零售商未大力推銷。

⑧廣告宣傳不佳。

山口匯整這些可能原因，再次向佐藤報告。

「的確有各種原因，可能是U零售商推銷不佳的結果吧！」聽完報告後，佐藤提出如下指示：

1.邏輯步驟或經驗步驟

瞭解了佐藤經理所面臨的問題，亦即探討問題原因的領域，銷售不佳的原因為何?——接收佐藤經理質問的山口課長，就從自己的經驗、知識、過去的類似事例來判斷，提出二種推測的原因。

面臨情況希望解決問題時，使用邏輯步驟或經驗步驟是重要的事，因為對於單純的問題，邏輯就會變成沒有效率，故並非只有邏輯步驟才是最好的方法。

但是，在探討原因時，若使用經驗步驟，則就容易陷入先入為主的觀念，有主觀的重視特定資訊的趨勢，以致決定的原因就不是真正的原因，導致提出不適當的因應策略，結果使問題慢性化，更難發現真正的原因。

佐藤對於山口最初提出的兩種可能原因，感到疑問與不安，就指示山口思考其他可能的原因，可知佐藤經理身為解決問題者，是具有足夠的能力。

2.立即指示「調查」的無效率方式

山口課長列舉八項可能原因後，佐藤經理應給予何種指示？一種不良的因應——沒有效率、沒有自信的方法，就是以下列構想，加以指示：

「請調查可能的八項原因。」

山口接到指示後，可能開始下列的調查：

①設計不良——派遣部屬或委派調查公司調查競爭者的產品或舶來品的設計如何，因而花費幾十萬圓調查費用。

②價格較舊產品高——以類似的競爭產品購買層為對象，調查購買意願或收入，作為訂價的依據。

③顏色的種類少——請設計公司或企劃公司檢討何種色彩適合消費者需求。

④銷售方法不佳——以何種顧客、對何種商店、提出何種訴怨，加以調查整理。

⑤顏色樸素——雇用有關色彩方面的顧問，分析現在消費者的偏好傾向。

⑥過去的不良品影響——有關形象問題，故重新企劃宣傳廣告案。

⑦U零售商未大力推銷——指示U零售商強化新產品的促銷，依狀況檢討對提高其士氣的因應策略。

⑧廣告宣傳不佳——可能是廣告代理商的能力不足，故為了準備變更代理商實施調查、檢討。

實際上，是否對這些原因加以調查、檢討，並不得而知。如若只是進行翻查時，科長最低限度會做這些事，其結果必須對設計公司支付高額費用，負責員工可能為了調查而繁忙不堪，或許會連夜加班。

繁忙奔波時，容易產生「在做工作」的情緒，但不瞭解探討原因的程序，只是毫無目的的忙碌而已，導致浪費公司寶貴的營運資源。

3. 少量資訊較佳

若佐藤經理是卓越的解決問題者，面對這八項可能原因，應如何指示呢？以邏輯步驟進行時，必須集中探討的資訊，設定某種架構。這種方法，有下列的兩種意義：

①防止資訊氾濫——若有不必要的資訊，則將多耗費太多的資金和精力(如佐藤經理閱讀報告的精力)，且被不必要的資訊迷惑，有遺漏真正原因之虞。

②防止資訊的遺漏——若沒有預先決定架構，對必要的資訊不能察覺、也不能檢查。

這種架構正如前所述的「四個層次」，亦即「何物」、「何處」、「何時」、「何種程度」等層次，各層次又區分為兩種資訊。

其次，思考已變成問題(發生事實)和沒有變成問題(比較對象），加以比較的搜集資訊。

換言之，就以上項目能搜集 16%～18%的資訊，就已足夠使用，不必再增加。──毋寧說不能增加。

因此，佐藤經理應該指示搜集下列資訊：

「為了比較銷售不佳的淑女毛衣和暢銷毛衣，限制在四種層次內搜集必要資訊。」若有此明確的指示，則能說明下列的「差異」。

「何物」──對像是新產品的淑女毛衣，並非舊產品，其現象是滯銷，而非要求折扣或顧客的訴怨。

「何處」──發生在 U 零售商，而非 V 或 W 零售商，在 U 零售商的三樓滯銷，五樓卻暢銷，顧客的年齡層在三十歲滯銷，四十歲以上卻暢銷。

「何時」──1990 年十月以後滯銷，九月以前並不發生問題，有關銷售月份之月初、月中、月末並無特別顯著的差異。

「何種程度」──低於銷售目標 30%，而非更高的數值，問題狀況的趨勢是持平而非擴大。

這四個層次的資訊，在探討原因上，成為確認事實關係的線索。

4. **盡可能排除可能原因**

從四個層次搜集、比較資訊之後，應用這些資訊來排除可能原因中的不適當事項，亦即「和這些資訊相互矛盾的資訊」。

在這種情況下，必須判斷何種資訊對排除可能原因具有重要性。就以淑女毛衣的事例而言，下列三組的資訊具有重要性：

「在 U 零售商滯銷，卻在 V 或 W 零售商暢銷。」「在 U 零售商的三樓滯銷，而五樓卻暢銷。」「1990 年 10 月以後滯銷，而 9 月以前卻暢銷。」

然而，應用有這些資訊來排除可能的原因。

①設計不良──在 V 與 W 零售商、在 U 零售商的五樓暢銷、及 9 月以前暢銷，故這項原因應該排除。

②價格較舊產品高──和第①項相同原因可排除。

③顏色的種類少──和第①項相同原因可排除。

④銷售方法不佳──在 U 零售商存在真正原因的可能性。面對十月開始的滯銷，十月之前暢銷的事實，如何加以說明，成為關鍵，可能需要調查「在 U 零售商是否變更賣場負責人」，但在 U 零售商五樓暢銷的事實，卻將真正原因的可能性降低。

⑤顏色樸素──和第①項相同原因可排除。

⑥過去的不良品影響──若不良品對 U 零售商有影響時（例如，不良品過去曾集中在 U 零售商），則可能成為原因，但若不能說明五樓暢銷、三樓滯銷的事實，則可排除。

⑦U 零售商未大力推銷──以三樓滯銷、五樓暢銷、與九月以前暢銷相矛盾，故可排除。

⑧廣告宣傳不佳。沒有和以往產品改變宣傳方法的資料，故可排除。

真正的原因，必須能夠毫無矛盾地說明四個層次的資訊。因此，Q 公司的淑女毛衣藉以排除所列舉的八項可能原因。（第④項的「銷售方法不佳」可稱為探討原因的線索，但並非真正原因。）若佐藤經理在最初階段就指示要「調查」時，則調查所出現的結果，可能完全不能符合目標，而成為無意義的工作。

5. 不瞭解原因就繼續進行階段性分析

山口所列舉的可能原因，全部被否定，應如何處理？變成「沒有原因」、「不可能瞭解原因嗎？」

遇到這種情況時，必須思考有否其他原因、或某種複合原因的可能性，為此再繼續邏輯性的階段分析，就本事例而言，對下列的「差異」做重點分析，針對其目的來搜集資訊：

①新產品與舊產品的差異。

②30 歲與 40 歲以上顧客年齡層的差異。

③U 零售商與 V、W 零售商的差異。

④U 零售商的三樓與五樓賣場的差異。

⑤10 月以後與 9 月以前的差異。

淑女毛衣以新產品與舊產品相比較時（①），新產品價格高、設計規格新、具有高級品形象等特徵。就顧客年齡層而言，30 歲較 40 歲以上對流行性更敏感，且教育經費等負擔低，故可使用的資金較多，具有這種差異。其次，U 與其他零售商比較，雖然負責人不同，但規模卻大致相同，只是 U 零售商具有位於郊外新興中高級住宅區的特徵，在 U 零售店內，三樓是大眾化商品賣場，五樓是特選商品賣場，有此差異。再在 10 月以後與 9 月以前的比較上，假設九月底的賣場有變更商品陳列的資訊。因此，身為解決問題者的佐藤經理，對於 9 月底賣場變更商品陳列，有何種具體的變化，必須直接對 U 零售商三樓賣場負責人指示搜集資訊。下列結果，可能就是事實：

- 變更賣場商品陳列的結果，在淑女毛衣的新產品旁，展示少女用產品。
- U 零售商三樓大眾化商品賣場附近，幾年來從未更改，較競爭者的商品展示繁雜，在高級化導向方面稍差。

由此可知，在進行邏輯性分析階段，重點進行搜集資訊，就能預測如下的原因:「把高級導向的淑女毛衣新產品，在三樓大眾化商品賣場陳列中，這種陳列的不合適性，為其原因之一。此外，在九月底變更商品陳列中，在淑女毛衣旁邊陳列與流行關係不密切的少女用商品，可能也是原因之一，故銷售不佳可能是這兩者的複合原因所引起。」

在掌握真正原因以後，可能立即提出「改善U零售商三樓賣場」的有效因應策略。若進行步驟錯誤，誤以設計或顏色種類為原因時，則可能耗費龐大的資金，再開發或選擇新產品，結果在U零售商三樓仍然滯銷，轉變為問題的慢性化，永不能解決。此外，若大眾化賣場的修建延遲，則不僅限於U零售商而Q公司的全部連鎖商店，都可能需要採取適當的方法，來因應真正原因，因為對高級化導向敏感的多數顧客,對於U零售商引起的問題——將來可能在其他地區發生，在此情況下，因應將來的問題，需要進行風險因應的分析。

6. 不可拘泥於有形的資訊

現在很難探討銷售不佳等現象的原因，因為顧客需求多樣化，已經有一段時間。大眾化的時代已經結束，進入「差異化」的時代，社會日漸富裕以後，顧客容易滿足自己的偏好，導致需求多樣化。

因此，銷售人員不能避免因應多樣化的顧客需求，對於具有類似機能的產品，也必須對顧客提供有圖案或色彩不同的各種選擇，也必須配合顧客的年齡、性別、環境、偏好等，提供多樣化的服務。

例如，前往書店，觀看雜誌的櫃台就能瞭解，以往多數為月刊雜誌，但現已變成週刊、旬刊、雙週刊、半月刊、月刊、雙月刊、季刊等等，發行間隔各有不同。

再以讀者為對象，有針對二十多歲的單身女性、有三十多歲的夫婦、年輕男性等區隔得很細，對孕婦、或養育幼兒母親的雜誌，也有明顯的差別，形成難以掌握的情況。

市場多樣化以後，附加於產品的資訊快速增加，而且這些資訊組合相當複雜、微妙難以區別，資訊化的社會不僅資訊本身，甚至有關產品的資訊也很氾濫。產品增加非常多的資訊，若要探討銷售不佳的原因，則在搜集資訊上，也變成龐大而複雜的作業，可能很容易將眼光對準複雜化的產品本身資訊，前所列舉的Q公司所銷售的淑女毛衣正是如此。

所謂高級產品導向有高附加價值，是指有關設計產品的資訊有很多不同的類型，若沒有明確的架構，而希望從毛衣本身的資訊來尋找原因時，則可能陷入複雜、多樣化的設計陷阱，很難探討出原因。

同時，在顧客需求經常變化時，產品本身可能成為某種銷售不佳的原因，也是理所當然的事。但是，除產品本身的資訊之外，銷售方法成為原因的情況，從Q公司的事例可獲得教訓。

相同的產品，在原宿（年輕人士賣場）或在新宿（大眾化賣場），或在田園借調銷售，其銷售方法完全不同的情況也有不少。

有關價格的資訊，亦不能一概而論「因高價無法銷售」，產品的好壞另當別論，有時將銷售不佳的產品，價格提高十倍，反而會出現暢銷的現象。

若以經驗或知識來判斷時，則容易成為單方面的決定，反而無法成功的探討原因，這種事例逐漸增加，處在這樣的時代，必須依據分析性方法，來提高邏輯、有系統的探討原因。

7. **搜集資訊的重點**

匯整探討原因搜集資訊的重點，或許和以往有重覆的情況也說不定：但是，在探討原因上，資訊特別重要，且由於資訊的急速增加，很難搜集，故在此重覆說明如下：

①所搜集的資訊必須簡潔，亦即盡可能減少修飾語或附屬說明。若認為書面報告必須長篇大論才有價值，則是錯覺，將會妨害經營的思考作業。

②基本上，資訊應依據質問來搜集。經常意識到應進行分析性的程序質問，儘量限制以內容贊同來搜集詳細的資訊。

③以「何事（何物）」、「何時」、「何處」、「何種程度」等四個層次，有效的搜集限度的資訊。

④搜集能具體比較發生事實與比較對象的差異，尤其注意「變化」的資訊。

⑤說明簡化原因來排除資訊，尤其有關「比較對象」的資訊更為重要。

心得欄 --

臺灣的核心競爭力，就在這裏！

圖書出版目錄

下列圖書是由憲業企管顧問（集團）公司所出版，以專業立場，為企業界提供最專業的各種經營管理類圖書。

1. 傳播書香社會，凡向本出版社購買（或郵局劃撥購買），一律 9 折優惠。
   服務電話（02）27622241 （03）9310960 傳真（02）27620377
2. 請將書款用 ATM 自動扣款轉帳到我公司下列的銀行帳戶。
   銀行名稱：合作金庫銀行 帳號：5034-717-347447
   公司名稱：憲業企管顧問有限公司
3. 郵局劃撥號碼：18410591 郵局劃撥戶名：憲業企管顧問公司
4. 圖書出版資料隨時更新，請見網站 www. bookstore99. com

經營顧問叢書

13	營業管理高手（上）	一套 500 元
14	營業管理高手（下）	
16	中國企業大勝敗	360 元
18	聯想電腦風雲錄	360 元
19	中國企業大競爭	360 元
21	搶灘中國	360 元
25	王永慶的經營管理	360 元
26	松下幸之助經營技巧	360 元
32	企業併購技巧	360 元
33	新產品上市行銷案例	360 元
46	營業部門管理手冊	360 元
47	營業部門推銷技巧	390 元

52	堅持一定成功	360 元
56	對準目標	360 元
58	大客戶行銷戰略	360 元
60	寶潔品牌操作手冊	360 元
72	傳銷致富	360 元
73	領導人才培訓遊戲	360 元
76	如何打造企業贏利模式	360 元
77	財務查帳技巧	360 元
78	財務經理手冊	360 元
79	財務診斷技巧	360 元
80	內部控制實務	360 元
81	行銷管理制度化	360 元

82	財務管理制度化	360 元
83	人事管理制度化	360 元
84	總務管理制度化	360 元
85	生產管理制度化	360 元
86	企劃管理制度化	360 元
91	汽車販賣技巧大公開	360 元
94	人事經理操作手冊	360 元
97	企業收款管理	360 元
100	幹部決定執行力	360 元
106	提升領導力培訓遊戲	360 元
112	員工招聘技巧	360 元
113	員工績效考核技巧	360 元
114	職位分析與工作設計	360 元
116	新產品開發與銷售	400 元
122	熱愛工作	360 元
124	客戶無法拒絕的成交技巧	360 元
125	部門經營計劃工作	360 元
127	如何建立企業識別系統	360 元
129	邁克爾・波特的戰略智慧	360 元
130	如何制定企業經營戰略	360 元
132	有效解決問題的溝通技巧	360 元
135	成敗關鍵的談判技巧	360 元
137	生產部門、行銷部門績效考核手冊	360 元
138	管理部門績效考核手冊	360 元
139	行銷機能診斷	360 元
140	企業如何節流	360 元
141	責任	360 元
142	企業接棒人	360 元
144	企業的外包操作管理	360 元
145	主管的時間管理	360 元

146	主管階層績效考核手冊	360 元
147	六步打造績效考核體系	360 元
148	六步打造培訓體系	360 元
149	展覽會行銷技巧	360 元
150	企業流程管理技巧	360 元
152	向西點軍校學管理	360 元
154	領導你的成功團隊	360 元
155	頂尖傳銷術	360 元
156	傳銷話術的奧妙	360 元
160	各部門編制預算工作	360 元
163	只為成功找方法，不為失敗找藉口	360 元
167	網路商店管理手冊	360 元
168	生氣不如爭氣	360 元
170	模仿就能成功	350 元
171	行銷部流程規範化管理	360 元
172	生產部流程規範化管理	360 元
173	財務部流程規範化管理	360 元
174	行政部流程規範化管理	360 元
176	每天進步一點點	350 元
177	易經如何運用在經營管理	350 元
180	業務員疑難雜症與對策	360 元
181	速度是贏利關鍵	360 元
183	如何識別人才	360 元
184	找方法解決問題	360 元
185	不景氣時期，如何降低成本	360 元
186	營業管理疑難雜症與對策	360 元
187	廠商掌握零售賣場的竅門	360 元
188	推銷之神傳世技巧	360 元
189	企業經營案例解析	360 元
191	豐田汽車管理模式	360 元

192	企業執行力（技巧篇）	360 元
193	領導魅力	360 元
197	部門主管手冊（增訂四版）	360 元
198	銷售說服技巧	360 元
199	促銷工具疑難雜症與對策	360 元
200	如何推動目標管理（第三版）	390 元
201	網路行銷技巧	360 元
202	企業併購案例精華	360 元
204	客戶服務部工作流程	360 元
206	如何鞏固客戶（增訂二版）	360 元
207	確保新產品開發成功（增訂三版）	360 元
208	經濟大崩潰	360 元
209	鋪貨管理技巧	360 元
210	商業計劃書撰寫實務	360 元
212	客戶抱怨處理手冊（增訂二版）	360 元
214	售後服務處理手冊（增訂三版）	360 元
215	行銷計劃書的撰寫與執行	360 元
216	內部控制實務與案例	360 元
217	透視財務分析內幕	360 元
219	總經理如何管理公司	360 元
222	確保新產品銷售成功	360 元
223	品牌成功關鍵步驟	360 元
224	客戶服務部門績效量化指標	360 元
226	商業網站成功密碼	360 元
228	經營分析	360 元
229	產品經理手冊	360 元
230	診斷改善你的企業	360 元
231	經銷商管理手冊（增訂三版）	360 元
232	電子郵件成功技巧	360 元
233	喬・吉拉德銷售成功術	360 元
234	銷售通路管理實務〈增訂二版〉	360 元
235	求職面試一定成功	360 元
236	客戶管理操作實務〈增訂二版〉	360 元
237	總經理如何領導成功團隊	360 元
238	總經理如何熟悉財務控制	360 元
239	總經理如何靈活調動資金	360 元
240	有趣的生活經濟學	360 元
241	業務員經營轄區市場（增訂二版）	360 元
242	搜索引擎行銷	360 元
243	如何推動利潤中心制度（增訂二版）	360 元
244	經營智慧	360 元
245	企業危機應對實戰技巧	360 元
246	行銷總監工作指引	360 元
247	行銷總監實戰案例	360 元
248	企業戰略執行手冊	360 元
249	大客戶搖錢樹	360 元
250	企業經營計劃〈增訂二版〉	360 元
251	績效考核手冊	360 元
252	營業管理實務（增訂二版）	360 元
253	銷售部門績效考核量化指標	360 元
254	員工招聘操作手冊	360 元
255	總務部門重點工作（增訂二版）	360 元
256	有效溝通技巧	360 元
257	會議手冊	360 元
258	如何處理員工離職問題	360 元
259	提高工作效率	360 元
260	贏在細節管理	360 元

261	員工招聘性向測試方法	360 元
262	解決問題	360 元
263	微利時代制勝法寶	360 元
264	如何拿到 VC（風險投資）的錢	360 元
265	如何撰寫職位說明書	360 元
267	促銷管理實務〈增訂五版〉	360 元
268	顧客情報管理技巧	360 元
269	如何改善企業組織績效〈增訂二版〉	360 元
270	低調才是大智慧	360 元
271	電話推銷培訓教材〈增訂二版〉	360 元
272	主管必備的授權技巧	360 元
274	人力資源部流程規範化管理（增訂三版）	360 元
275	主管如何激勵部屬	360 元
276	輕鬆擁有幽默口才	360 元
277	各部門年度計劃工作（增訂二版）	360 元
278	面試主考官工作實務	360 元
279	總經理重點工作（增訂二版）	360 元
282	如何提高市場佔有率（增訂二版）	360 元

《商店叢書》

4	餐飲業操作手冊	390 元
5	店員販賣技巧	360 元
10	賣場管理	360 元
12	餐飲業標準化手冊	360 元
13	服飾店經營技巧	360 元
18	店員推銷技巧	360 元
19	小本開店術	360 元
20	365 天賣場節慶促銷	360 元
29	店員工作規範	360 元
30	特許連鎖業經營技巧	360 元
32	連鎖店操作手冊（增訂三版）	360 元
33	開店創業手冊〈增訂二版〉	360 元
34	如何開創連鎖體系〈增訂二版〉	360 元
35	商店標準操作流程	360 元
36	商店導購口才專業培訓	360 元
37	速食店操作手冊〈增訂二版〉	360 元
38	網路商店創業手冊〈增訂二版〉	360 元
39	店長操作手冊（增訂四版）	360 元
40	商店診斷實務	360 元
41	店鋪商品管理手冊	360 元
42	店員操作手冊（增訂三版）	360 元
43	如何撰寫連鎖業營運手冊〈增訂二版〉	360 元
44	店長如何提升業績〈增訂二版〉	360 元
45	向肯德基學習連鎖經營〈增訂二版〉	360 元
46	連鎖店督導師手冊	360 元
47	賣場如何經營會員制俱樂部	360 元

《工廠叢書》

5	品質管理標準流程	380 元
9	ISO 9000 管理實戰案例	380 元
10	生產管理制度化	360 元
11	ISO 認證必備手冊	380 元
12	生產設備管理	380 元

13	品管員操作手冊	380 元
15	工廠設備維護手冊	380 元
16	品管圈活動指南	380 元
17	品管圈推動實務	380 元
20	如何推動提案制度	380 元
24	六西格瑪管理手冊	380 元
30	生產績效診斷與評估	380 元
32	如何藉助 IE 提升業績	380 元
35	目視管理案例大全	380 元
38	目視管理操作技巧(增訂二版)	380 元
40	商品管理流程控制(增訂二版)	380 元
42	物料管理控制實務	380 元
46	降低生產成本	380 元
47	物流配送績效管理	380 元
49	6S 管理必備手冊	380 元
50	品管部經理操作規範	380 元
51	透視流程改善技巧	380 元
55	企業標準化的創建與推動	380 元
56	精細化生產管理	380 元
57	品質管制手法〈增訂二版〉	380 元
58	如何改善生產績效〈增訂二版〉	380 元
60	工廠管理標準作業流程	380 元
62	採購管理工作細則	380 元
63	生產主管操作手冊(增訂四版)	380 元
64	生產現場管理實戰案例〈增訂二版〉	380 元
65	如何推動 5S 管理（增訂四版）	380 元
66	如何管理倉庫（增訂五版）	380 元
67	生產訂單管理步驟〈增訂二版〉	380 元
68	打造一流的生產作業廠區	380 元
70	如何控制不良品〈增訂二版〉	380 元
71	全面消除生產浪費	380 元
72	現場工程改善應用手冊	380 元
73	部門績效考核的量化管理（增訂四版）	380 元
74	採購管理實務〈增訂四版〉	380 元
75	生產計劃的規劃與執行	380 元

《醫學保健叢書》

1	9 週加強免疫能力	320 元
3	如何克服失眠	320 元
4	美麗肌膚有妙方	320 元
5	減肥瘦身一定成功	360 元
6	輕鬆懷孕手冊	360 元
7	育兒保健手冊	360 元
8	輕鬆坐月子	360 元
11	排毒養生方法	360 元
12	淨化血液　強化血管	360 元
13	排除體內毒素	360 元
14	排除便秘困擾	360 元
15	維生素保健全書	360 元
16	腎臟病患者的治療與保健	360 元
17	肝病患者的治療與保健	360 元
18	糖尿病患者的治療與保健	360 元
19	高血壓患者的治療與保健	360 元
22	給老爸老媽的保健全書	360 元
23	如何降低高血壓	360 元

24	如何治療糖尿病	360 元
25	如何降低膽固醇	360 元
26	人體器官使用說明書	360 元
27	這樣喝水最健康	360 元
28	輕鬆排毒方法	360 元
29	中醫養生手冊	360 元
30	孕婦手冊	360 元
31	育兒手冊	360 元
32	幾千年的中醫養生方法	360 元
33	免疫力提升全書	360 元
34	糖尿病治療全書	360 元
35	活到 120 歲的飲食方法	360 元
36	7 天克服便秘	360 元
37	為長壽做準備	360 元
38	生男生女有技巧〈增訂二版〉	360 元
39	拒絕三高有方法	360 元
40	一定要懷孕	360 元

《培訓叢書》

4	領導人才培訓遊戲	360 元
8	提升領導力培訓遊戲	360 元
11	培訓師的現場培訓技巧	360 元
12	培訓師的演講技巧	360 元
14	解決問題能力的培訓技巧	360 元
15	戶外培訓活動實施技巧	360 元
16	提升團隊精神的培訓遊戲	360 元
17	針對部門主管的培訓遊戲	360 元
18	培訓師手冊	360 元
19	企業培訓遊戲大全(增訂二版)	360 元
20	銷售部門培訓遊戲	360 元
21	培訓部門經理操作手冊（增訂三版）	360 元
22	企業培訓活動的破冰遊戲	360 元
23	培訓部門流程規範化管理	360 元

《傳銷叢書》

4	傳銷致富	360 元
5	傳銷培訓課程	360 元
7	快速建立傳銷團隊	360 元
10	頂尖傳銷術	360 元
11	傳銷話術的奧妙	360 元
12	現在輪到你成功	350 元
13	鑽石傳銷商培訓手冊	350 元
14	傳銷皇帝的激勵技巧	360 元
15	傳銷皇帝的溝通技巧	360 元
17	傳銷領袖	360 元
18	傳銷成功技巧（增訂四版）	360 元
19	傳銷分享會運作範例	360 元

《幼兒培育叢書》

1	如何培育傑出子女	360 元
2	培育財富子女	360 元
3	如何激發孩子的學習潛能	360 元
4	鼓勵孩子	360 元
5	別溺愛孩子	360 元
6	孩子考第一名	360 元
7	父母要如何與孩子溝通	360 元
8	父母要如何培養孩子的好習慣	360 元
9	父母要如何激發孩子學習潛能	360 元
10	如何讓孩子變得堅強自信	360 元

《成功叢書》

1	猶太富翁經商智慧	360 元

2	致富鑽石法則	360 元
3	發現財富密碼	360 元

《企業傳記叢書》

1	零售巨人沃爾瑪	360 元
2	大型企業失敗啟示錄	360 元
3	企業併購始祖洛克菲勒	360 元
4	透視戴爾經營技巧	360 元
5	亞馬遜網路書店傳奇	360 元
6	動物智慧的企業競爭啟示	320 元
7	CEO 拯救企業	360 元
8	世界首富　宜家王國	360 元
9	航空巨人波音傳奇	360 元
10	傳媒併購大亨	360 元

《智慧叢書》

1	禪的智慧	360 元
2	生活禪	360 元
3	易經的智慧	360 元
4	禪的管理大智慧	360 元
5	改變命運的人生智慧	360 元
6	如何吸取中庸智慧	360 元
7	如何吸取老子智慧	360 元
8	如何吸取易經智慧	360 元
9	經濟大崩潰	360 元
10	有趣的生活經濟學	360 元
11	低調才是大智慧	360 元

《DIY 叢書》

1	居家節約竅門 DIY	360 元
2	愛護汽車 DIY	360 元
3	現代居家風水 DIY	360 元
4	居家收納整理 DIY	360 元
5	廚房竅門 DIY	360 元
6	家庭裝修 DIY	360 元
7	省油大作戰	360 元

《財務管理叢書》

1	如何編制部門年度預算	360 元
2	財務查帳技巧	360 元
3	財務經理手冊	360 元
4	財務診斷技巧	360 元
5	內部控制實務	360 元
6	財務管理制度化	360 元
8	財務部流程規範化管理	360 元
9	如何推動利潤中心制度	360 元

為方便讀者選購，本公司將一部分上述圖書又加以專門分類如下：

《企業制度叢書》

1	行銷管理制度化	360 元
2	財務管理制度化	360 元
3	人事管理制度化	360 元
4	總務管理制度化	360 元
5	生產管理制度化	360 元
6	企劃管理制度化	360 元

《主管叢書》

1	部門主管手冊	360 元
2	總經理行動手冊	360 元
4	生產主管操作手冊	380 元
5	店長操作手冊（增訂版）	360 元
6	財務經理手冊	360 元
7	人事經理操作手冊	360 元
8	行銷總監工作指引	360 元

9	行銷總監實戰案例	360 元

《總經理叢書》

1	總經理如何經營公司(增訂二版)	360 元
2	總經理如何管理公司	360 元
3	總經理如何領導成功團隊	360 元
4	總經理如何熟悉財務控制	360 元
5	總經理如何靈活調動資金	360 元

《人事管理叢書》

1	人事管理制度化	360 元
2	人事經理操作手冊	360 元
3	員工招聘技巧	360 元
4	員工績效考核技巧	360 元
5	職位分析與工作設計	360 元
7	總務部門重點工作	360 元
8	如何識別人才	360 元
9	人力資源部流程規範化管理（增訂三版）	360 元
10	員工招聘操作手冊	360 元
11	如何處理員工離職問題	360 元

《理財叢書》

1	巴菲特股票投資忠告	360 元
2	受益一生的投資理財	360 元
3	終身理財計劃	360 元
4	如何投資黃金	360 元
5	巴菲特投資必贏技巧	360 元
6	投資基金賺錢方法	360 元
7	索羅斯的基金投資必贏忠告	360 元
8	巴菲特為何投資比亞迪	360 元

《網路行銷叢書》

1	網路商店創業手冊〈增訂二版〉	360 元
2	網路商店管理手冊	360 元
3	網路行銷技巧	360 元
4	商業網站成功密碼	360 元
5	電子郵件成功技巧	360 元
6	搜索引擎行銷	360 元

《企業計劃叢書》

1	企業經營計劃〈增訂二版〉	360 元
2	各部門年度計劃工作	360 元
3	各部門編制預算工作	360 元
4	經營分析	360 元
5	企業戰略執行手冊	360 元

《經濟叢書》

1	經濟大崩潰	360 元
2	石油戰爭揭秘(即將出版)	

最暢銷的《企業制度叢書》

名稱		說明	特價
1	行銷管理制度化	書	360 元
2	財務管理制度化	書	360 元
3	人事管理制度化	書	360 元
4	總務管理制度化	書	360 元
5	生產管理制度化	書	360 元
6	企劃管理制度化	書	360 元

上述各書均有在書店陳列販賣，若書店賣完，而來不及由庫存書補充上架，請讀者直接向店員詢問、購買，最快速、方便！

經營顧問叢書 ㉘② **售價：360 元**

如何提高市場佔有率（增訂二版）

西元二〇一二年一月 增訂二版一刷

編著：吳宇航
策劃：麥可國際出版有限公司（新加坡）
編輯：蕭玲
校對：洪飛娟
發行人：黃憲仁
發行所：憲業企管顧問有限公司
電話：(02) 2762-2241 (03) 9310960 0930872873
臺北聯絡處：臺北郵政信箱第 36 之 1100 號
銀行 ATM 轉帳：合作金庫銀行 帳號：**5034-717-347447**
郵政劃撥：**18410591** **憲業企管顧問有限公司**

登記證：行政業新聞局版台業字第 6380 號

本公司徵求海外版權出版代理商（0930872873）

本圖書是由憲業企管顧問（集團）公司所出版，以專業立場，為企業界提供最專業的各種經營管理類圖書。

圖書編號 ISBN：978-986-6084-40-9